普通高等教育"十一五"国家级规划教材
高等学校设计类专业教材

现代设计图学

第 4 版

主编　聂桂平
参编　刘　淼　郭永艳
　　　谭睿光　尚慧芳

机械工业出版社

本书在第3版的基础上做了进一步提升，融入了作者2016年以来慕课课程建设的相关成果，在结构体系上有所创新，在内容上也迎合了当前科技发展的趋势，并突出了实用性。本书共10章，包括图学概论及制图基本知识、AutoCAD绘图基础、物体的视图、轴测图、常用表达方法、产品的零件图与装配图、展开图与焊接图、建筑施工图、室内设计施工图和透视图。

本书与聂桂平编著、机械工业出版社出版的《现代设计图学基础训练》（第3版）配套使用，可作为普通高校工业设计、环境设计等相关专业和工科非机械类专业的"设计图学"课程教材，也可作为高职、高专及各类成人教育机构的教材，还可作为相关领域工程技术人员的参考用书。

图书在版编目（CIP）数据

现代设计图学/聂桂平主编. —4版. —北京：机械工业出版社，2023.4

普通高等教育"十一五"国家级规划教材　高等学校设计类专业教材
ISBN 978-7-111-72352-3

Ⅰ.①现…　Ⅱ.①聂…　Ⅲ.①工程制图-高等学校-教材　Ⅳ.①TB23

中国国家版本馆 CIP 数据核字（2023）第 037798 号

机械工业出版社（北京市百万庄大街22号　邮政编码100037）
策划编辑：王勇哲　　　　　　责任编辑：王勇哲　徐鲁融
责任校对：李小宝　贾立萍　　封面设计：王　旭
责任印制：张　博
中教科（保定）印刷股份有限公司印刷
2023年9月第4版第1次印刷
210mm×285mm · 13.75印张 · 324千字
标准书号：ISBN 978-7-111-72352-3
定价：49.80元

电话服务　　　　　　　　　网络服务
客服电话：010-88361066　　机　工　官　网：www.cmpbook.com
　　　　　010-88379833　　机　工　官　博：weibo.com/cmp1952
　　　　　010-68326294　　金　书　网：www.golden-book.com
封底无防伪标均为盗版　　机工教育服务网：www.cmpedu.com

前　　言

　　图与语言、文字一样，是一种表达思想的工具，且是不可替代的表达工具，特别是对于用语言和文字难以表达或不可能表达的内容。在某些方面，图可以使人的交流变得确切、轻松和便利。因此，设计师应该掌握将构思的三维空间形体用二维的平面图形合理表现的方法和规定。

　　图是一种表达工具，故制图必然有其"语法"，即一套用于沟通和表达的规定，这就是制图国家标准，其规定了一套用于表达物体形状和尺寸的符号、规则和方法，供设计师和工程技术人员理解和执行。掌握并应用制图国家标准是设计师的必备素养，因此读者在课程学习期间应该认真领悟并正确应用国家标准的相关规定。

　　另外，手工制图的学习也是图学课程的重要内容，学生应通过手工制图的学习和训练理解制图的基本知识，练习制图的基本方法。而随着计算机辅助设计技术的进步，AutoCAD 知识的掌握和计算机绘图训练也显得十分重要。本书旨在通过知识内容的讲解，并辅以视频资源，帮助读者掌握国家标准应用、手工制图、计算机绘图三方面的技能。

　　本书具有如下特点：

　　1. 为适应新时代工程实际对人才素质的需求，本书教学内容适用面更广，内容更具新颖性。在满足"设计图学"课程教学内容基本要求的前提下，针对工业设计、环境设计等专业的需求，适当扩展和延伸了一些教学内容。各模块相对独立并单列成章，以方便不同专业的读者根据需要自主选择和搭配内容进行学习，拓宽了适用性。

　　2. 在相关内容中将计算机绘图软件升级为 AutoCAD 的 2023 版本，编写方式更突出软件的可操作性。在各章节中将传统的手工制图与计算机绘图内容自然融合、同步介绍，使计算机绘图教学内容贯穿全书，既可加深学生对课程内容的理解，巩固所学知识，又可提高学生的计算机绘图水平。

　　3. 采用了现行的《技术制图》《机械制图》《建筑制图》国家标准。

　　4. 内容紧密结合生产实际，强调实用性。主要介绍设计中常用的表达方法，所选图例也考虑到专业需要，便于读者学以致用。

　　5. 采用双色印刷，重点突出，层次分明，充分提升了教材的可读性。

　　6. 针对重要的知识点和典型例题，配有相应的教学视频，读者可以使用智能手机扫描各章中的二维码观看学习，学习过程更轻松。

　　由聂桂平编著、机械工业出版社出版的《现代设计图学基础训练》

（第 3 版）与本书配套使用，在实际教学中师生可根据专业的特点和需要对书中内容做适当取舍。

　　本书由华东理工大学聂桂平任主编，参与编写的还有刘淼、郭永艳、谭睿光、尚慧芳。本书保留了第 3 版中聂桂平编写的大部分文字内容，以及郭永艳编写的第 2 章中有关计算机绘图的部分内容。本次修订工作的具体分工：聂桂平负责慕课教学视频的录制和节段提取，全书套色设计，对第 3 版书中图文内容的再梳理和完善，以及全书的统稿；刘淼负责第 2 章的修订，包括计算机绘图例题中操作步骤演示视频的录制；郭永艳、尚慧芳和谭睿光就第 2 章、第 8 章和第 9 章的内容给出了修订意见。感谢各位同仁为本书的修订工作所做的贡献。

　　由于编者水平有限，疏漏差错之处在所难免，恳请广大读者批评指正。

华东理工大学　聂桂平
2023 年 6 月于上海

目　　录

第1章
图学概论及制图基本知识

1.1 设计图学概论

设计图学是研究运用投影法绘制各种技术用图的学科，研究内容包括投影理论和应用，以及各种专业图样的绘制方法和规则等。

1. 学习制图的意义

把各种物体以不同的形式画在纸面上，给人以直观感觉，人所具有的这种能力使生活变得丰富多彩。以这种能力为前提，经过专业训练，人们还能将个人的设计预想方案呈现在图纸上，给人以真实的感受，如设计师绘制的设计效果图及设计施工图等。

在工业设计领域，从拟订方案到设计产品问世，"图"作为一种可视化工具，贯穿于整个设计过程。换言之，设计师的某些工作是采取边画图边思考的方式进行的，"图"成了开拓思路、深入讨论、推敲方案的有效手段。不画图而直接着手制作新产品是十分困难的，除非该产品很简单或材料很易加工。

学习制图是学习设计的基础。首先应了解国家标准中的相关规定。我国颁布的相关的国家标准对制图做了各方面的规定，"标准"与"制图"之间的关系犹如"语法"与"语言"之间的关系。其次，学生应学会用图正确而具体地表现物体的形状和构造。物体的形状和构造受功能及审美等方面的约束，可谓五花八门，精通制图的设计者可以使表达方案合理简洁，操作得心应手，充分展示制图对设计思想的表现力。

人们出于各种不同的目的将设计和构想制成图样，有的是为了探讨问题，有的是为了让对方理解设计意图，有的是为了委托加工制造等。但是有一点是相同的，即制图是为了给对方看，将设计者的意图和构想通过图样传达给对方。所谓对方，包括客户、施工者、维修者和消费者等，他们对图样内容的要求多种多样，对图样的理解程度也因人而异。因此在制图时，必须充分了解对方，根据对方特点进行图纸规划，使对方充分理解所要传达的内容。

"设计图学"是艺术设计院系的必修课程。环境设计专业要研究景观设计、建筑施工和室内装潢等；工业设计专业要研究产品设计、零部件加工和材料工艺结构等；媒体与广告专业要研究人物及场景建模、图案放样和包装设计等，这一切都与设计图学知识密切相关。

当今时代，计算机技术已经在绘图精度、速度及智能化方面发生了崭新的变化，显著改善了设计师的工作条件，但这并不意味着计算机技术可以彻底取代人的作用。一个不懂得图学理论和规范的人，是不可能使用计算机做出正确的工程图样的。况且，在很多工具、设备等条件有限的场合，手工制图的交流显得更简捷、轻松、方便和灵活。

2. 图的分类

研究图应从研究投影开始。如图 1-1 所示，将置于空间的录音电话机向特定的投影面进行投射。将通过录音电话机诸点的平行直线（投射线）引至平面（投影面），将投射线与投影面相交的点连接起来的图形称为投影图。

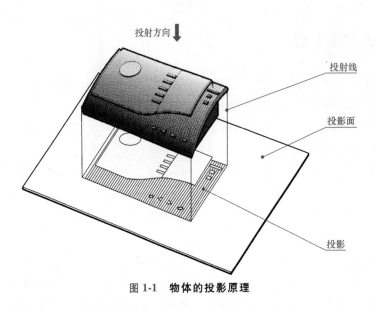

图 1-1　物体的投影原理

投射线互相平行的投影称为平行投影，投射线交汇于一点的投影称为中心投影。

平行投影包括正投影和轴测投影。正投影仅反映物体的两维尺寸，一般须由两个以上的投影图来表现物体。设计施工图必须用正投影图表示，它具有线条明确、尺寸严谨的优点，是重要的技术文件。轴测投影根据投射线与投影面垂直与否又可分为正轴测投影与斜轴测投影。轴测图能直观表现物体的立体效果，常用于设计效果图。平行投影的种类如图 1-2 所示。

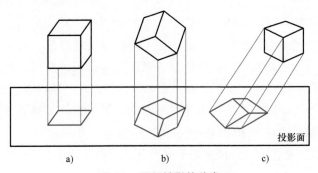

图 1-2　平行投影的种类

a）正投影　b）正轴测投影　c）斜轴测投影

中心投影又称为透视投影，由于其较符合人眼的成像原理，图面效果形象逼真，因此在建筑、环境、产品效果图等领域得到广泛应用。

在日常生活中还常常见到由板材加工制作的器具。制作它们须先画出其表面的展开图，然后放样下料，再通过焊、铆、粘等手段连接成形。展开图在产品外形制作、包装装潢、化工设备等领域应用甚广。

图 1-3 所示为常见的投影图类型。

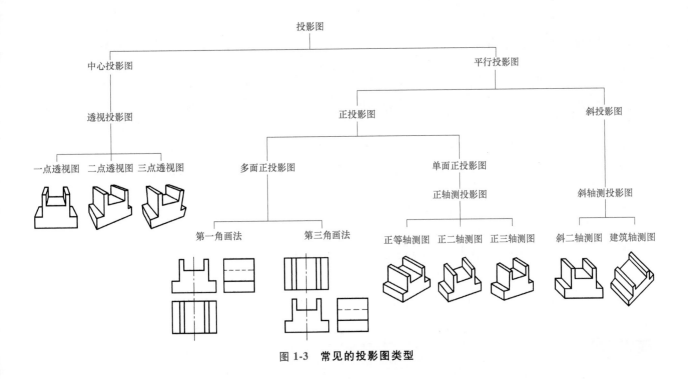

图 1-3 常见的投影图类型

3. 设计过程中常用的图示方法

表 1-1 列出了设计过程中常用的图示方法。

表 1-1 设计过程中常用的图示方法

设计步骤	必要的设计图	表现方法	说明
设想阶段	构思草图 设计素描	透视投影法 多面正投影法 徒手画法	将构思方案快速、连贯地反映在图面上，熟练的徒手画图技巧可以使人"心追手记"
推敲阶段	构思草图 简单视图	透视投影法 多面正投影法 徒手画法	在画图的过程中，对所用材料及其物体的细部结构等稍作考虑
核对阶段	视图	多面正投影法 轴测投影法 透视投影法	核对结构、尺寸及作图的正确性
调整阶段	视图	多面正投影法 轴测投影法 透视投影法	满足生产、销售和使用等方面的要求
试制阶段	工程套图 （包括零件图、装配图等）	多面正投影法 轴测投影法	明确产品外形、材料、结构、表面处理等方面的表达，理顺装配零部件之间的关系
决定阶段	工程套图 设计预想图	多面正投影法 轴测投影法 透视投影法	向制造施工人员提供符合国家标准、便于理解的工程套图，并提供先于产品的视觉效果图
广告阶段	总体方案图 成套视图 结构详图 设计效果图	各种绘图方法的综合运用	要有较强的视觉冲击力，使人乐于接受且过目不忘

1.2 制图的基本规定

制图国家标准包括《技术制图》《机械制图》和《建筑制图》等，它们对与图样相关的画法、尺寸和技术要求的标注等分别做了统一规定，设计人员必须严格遵守，认真执行。

由于不同行业的标准在规定细节上存在差异，本书主要以贯彻《技术制图》国家标准为主，部分采用《机械制图》国家标准，在第 8 章和第 9 章中将介绍《建筑制图》国家标准。

我国国家标准（简称为国标）代号为"GB"；推荐性国家标准代号为"GB/T"。

1. 图纸幅面和格式（GB/T 14689—2008）

绘图时应优先采用表 1-2 规定的基本幅面。图纸幅面代号为 A0、A1、A2、A3 和 A4 五种，图纸幅面尺寸之间的关系如图 1-4 所示。

表 1-2 图纸幅面尺寸　　　（单位：mm）

幅面代号	A0	A1	A2	A3	A4
$B×L$	841×1189	594×841	420×594	297×420	210×297
e	20			10	
c	10			5	
a	25				

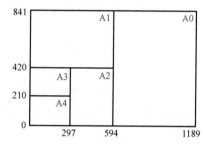

图 1-4　图纸幅面的尺寸关系

图纸可横向或纵向使用，这取决于物体的形状特征。多采用横向使用方式，这是因为人眼睛的纵向视域小，且横向使用时手工绘图更方便。

图纸上通常要画图框，其格式分不留装订边（图 1-5）和留装订边（图 1-6）两种，尺寸见表 1-2。图框可使图面更整洁，更有紧凑感。同一产品的图样只能采用同一种格式。

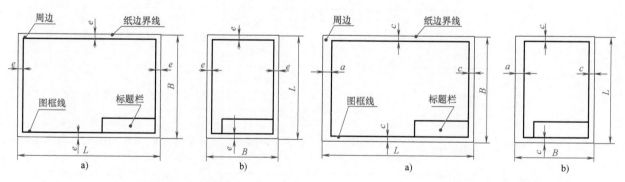

图 1-5　不留装订边的图框格式　　　图 1-6　留装订边的图框格式

2. 标题栏（GB/T 10609.1—2008）

国家标准规定每张图纸上都必须画出标题栏，标题栏位于图面的右下角，与读图方向一致。

标题栏的格式没有规定，但应包括以下内容：

（1）图名 所画物体的名称和图的种类等。
（2）图号 作业、施工单位的分类区分等的编号。
（3）单位 公司名、部门名或学校名、系所名等。
（4）签名 设计、制图、描图、审核等各责任者的签名。
（5）其他 比例、数量、材料、制图时间等。
在本课程的学习中建议采用如图 1-7 所示的格式。

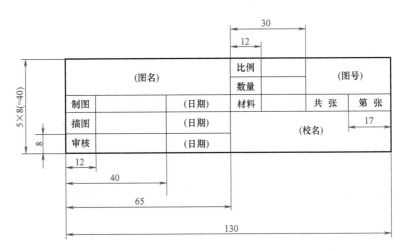

图 1-7 简化标题栏的格式和尺寸

3. 比例（GB/T 14690—1993）

比例为图样中图形与其实物相应要素的线性尺寸之比，分原值比例、放大比例和缩小比例三种，见表 1-3。

为能从图样上获得实物大小的真实概念，应尽量采用 1∶1 的比例画图。此外，应优选无括号比例，必要时也允许选用括号内的比例。

图样无论采用放大或缩小比例，所注尺寸都应是产品的实际大小。在绘制同一产品的各个视图时，应采用相同的比例，并将比值填入标题栏。

当某个视图需要采用不同的比例时，必须另行标注。

表 1-3 绘图的比例

原值比例	1∶1
缩小比例	（1∶1.5） 1∶2 （1∶2.5） （1∶3） （1∶4） 1∶5 （1∶6） 1∶1×10^n （1∶1.5×10^n） 1∶2×10^n （1∶2.5×10^n） （1∶3×10^n） （1∶4×10^n） 1∶5×10^n （1∶6×10^n）
放大比例	2∶1 （2.5∶1） （4∶1） 5∶1 1×10^n∶1 2×10^n∶1 （2.5×10^n∶1） （4×10^n∶1） 5×10^n∶1

注：n 为正整数。

比例一般应标注在标题栏中的"比例"右侧的格内，必要时可标注在视图名称的下方或右侧。

4. 图线（GB/T 17450—1998、GB/T 4457.4—2002）

表 1-4 列出了技术制图中常用图线的名称、线型、宽度及应用。

表 1-4　常用图线的名称、线型、宽度及应用

名称	线型	宽度	应用
粗实线	————————	d	可见轮廓线、可见棱边线、相贯线等
细虚线	– – – – – – – – –	约 d/2	不可见轮廓线、不可见棱边线
粗虚线	▬ ▬ ▬ ▬ ▬ ▬	d	允许表面处理的表示线
细实线	————————	约 d/2	尺寸线及尺寸界线、剖面线、重合断面的轮廓线、指引线和基准线、过渡线等
波浪线	～～～～	约 d/2	断裂处的边界线、视图与剖视图的分界线①
双折线	─/\──/\─	约 d/2	断裂处的边界线、视图与剖视图的分界线①
细点画线	—·—·—·—	约 d/2	轴线、对称中心线等
粗点画线	▬·▬·▬·	d	限定范围表示线
细双点画线	—··—··—··	约 d/2	相邻辅助零件的轮廓线、可动零件的极限位置的轮廓线、轨迹线、中断线等

注：粗实线的宽度 d 应根据图形的大小和复杂程度选取，一般取 0.7mm。

① 在一张图样上一般采用一种线型，即采用波浪线或双折线。

　　同一图样中，同类图线的宽度应基本一致。虚线、点画线及双点画线的线段长短、间隔应各自大致相等，并应根据图样的复杂程度和图线的长短来确定。一般虚线的画与空隙之比约为 4：1；点画线长画与点、间隙和之比约为 4：1。当点画线、双点画线在较小图形中绘制有困难时，可用实线代替。

　　图 1-8 所示为图线的种类和应用示例。

5. 字体 （GB/T 14691—1993）

　　图样中的字体必须做到：字体工整、笔画清楚、间隔均匀、排列整齐。汉字推荐使用长仿宋体字。

　　字体的号数即字体的高度，常用字高的公称尺寸系列为 2.5、3.5、5、7、10、14（单位为 mm）。数字和字母可以写成直体或斜体（倾角为 75°）。

　　当图样中的汉字、字母或数字与图样图线重叠时，应将图线擦断，从而保证字体完整清晰。

6. 尺寸标注 （GB/T 4458.4—2003、GB/T 16675.2—2012、GB/T 50001—2017）

　　（1）基本规则

　　■ 产品的真实大小应以图样上所注的尺寸数值为依据，与图形的大小及绘图的准确度无关。

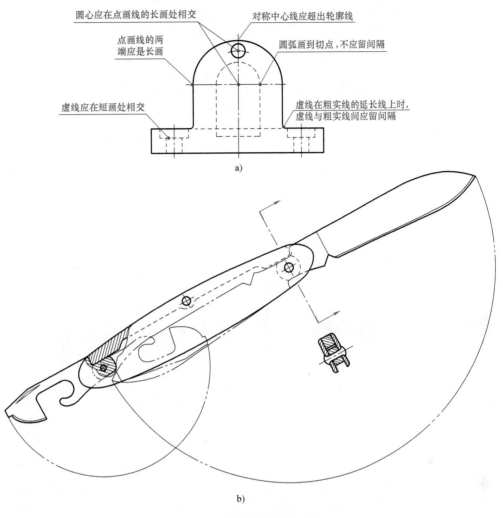

图 1-8　图线的种类和应用示例

a）图线画法的注意点　b）图线的应用示例

■ 图样中（包括技术要求和其他说明）的尺寸，以 mm 为单位时，不需标注计量单位名称，若采用其他单位，则应注明相应的单位符号。

■ 图样中所标注的尺寸，为该图样所示产品的最后完工尺寸，否则应另加说明。

■ 产品的每一尺寸，一般只标注一次，并应标注在反映该结构最清晰的图形上。

（2）尺寸要素　完整的尺寸一般由尺寸界线、尺寸线和尺寸数字三个要素组成。尺寸的组成及标注示例如图 1-9 所示。

尺寸界线表示所注尺寸的起止范围，用细实线绘制，并应由图形的轮廓线、轴线或对称中心线处引出，也可利用轮廓线、轴线或对称中心线作为尺寸界线。

尺寸线用细实线绘制，不能用其他图线代替，也不得与其他图线重合或画在其延长线上。

标注线性尺寸时，尺寸线必须与所标注的线段平行。标注角度尺寸时，尺寸线应画成圆弧，其圆心是该角的顶点。

尺寸线的终端（在建筑制图中也称为尺寸起止符号）可用箭头或 45°斜线表

8

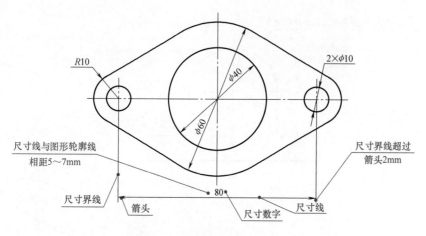

图 1-9　尺寸的组成及标注示例

示，如图 1-10 所示。箭头适用于各种类型的图样，半径、直径、角度与弧长的尺寸起止符号用箭头表示；45°斜线多用于建筑制图的图样，然而当采用斜线时，尺寸线与尺寸界线必须互相垂直。机械制图的 45°斜线为细实线，建筑制图的 45°斜线为中实线。同一张图面上的尺寸线终端应采用同一种形式。

尺寸数字表示所注尺寸的数值。线性尺寸的数字一般注写在尺寸线上方或尺寸线的中断处。水平尺寸字头朝上，竖直尺寸字头朝左。角度的数字一律按水平方向注写，一般注在尺寸线的中断处，如图 1-11 所示。

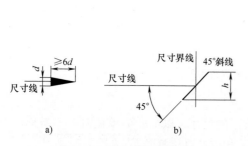

图 1-10　尺寸线终端画法

d—粗实线的宽度　h—字体高度

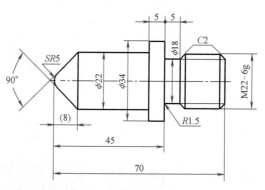

图 1-11　尺寸注法示例

尺寸标注的常见符号见表 1-5。

表 1-5　尺寸标注的常见符号

符号	表示含义	标注位置
ϕ	圆的直径	尺寸数字的左侧
R	圆的半径	尺寸数字的左侧
S	球面	ϕ 或 R 的左侧
□	正方形	尺寸数字的左侧
t	板厚	尺寸数字的左侧
⌒	圆弧尺寸	尺寸数字的左侧
（　）	所括尺寸为参考尺寸	包围尺寸数字
C	45°倒角	尺寸数字的左侧

（3）尺寸标注示例　表1-6列出了设计中常见标注内容的图例和说明。

表1-6　尺寸标注示例

标注内容	图例	说明
角度	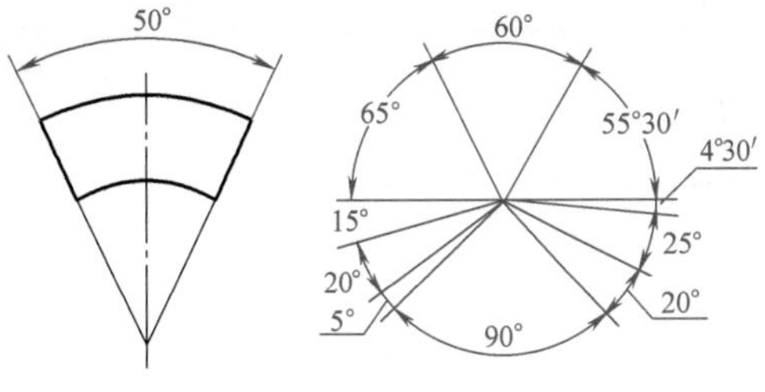	角度尺寸界线应沿径向引出,尺寸线应画成圆弧。角度数字一律水平书写,一般注写在尺寸线的中断处,必要时也可写在尺寸线的上方或外侧
圆形	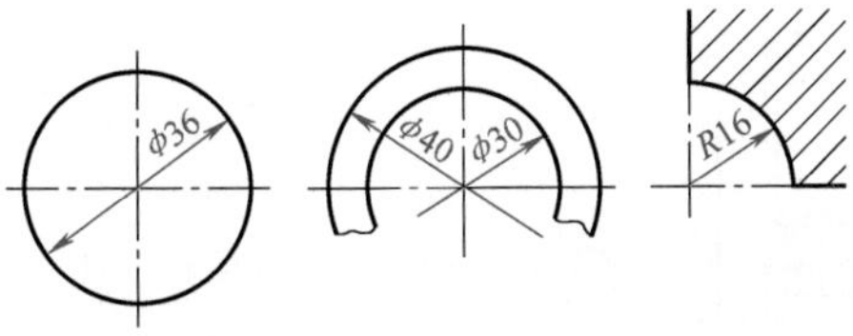	圆或大于半圆的圆弧应标注其直径,并在数字前加注符号"ϕ",其尺寸线必须通过圆心。等于或小于半圆的圆弧应标注其半径,并在数字前加注符号"R",其尺寸线从圆心开始,箭头指向轮廓
大圆弧	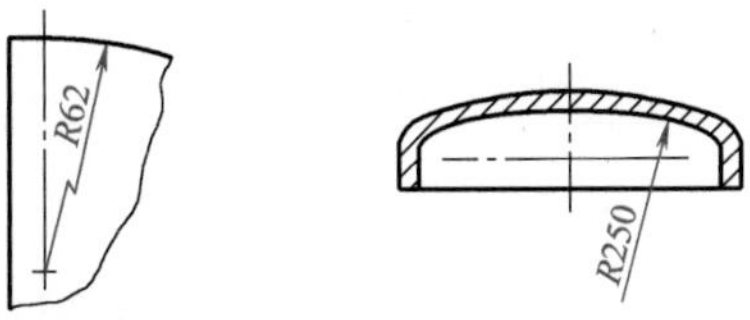	当圆弧半径过大,或者在图样范围内无法标出其圆心位置时,可按图示方法标注
球面	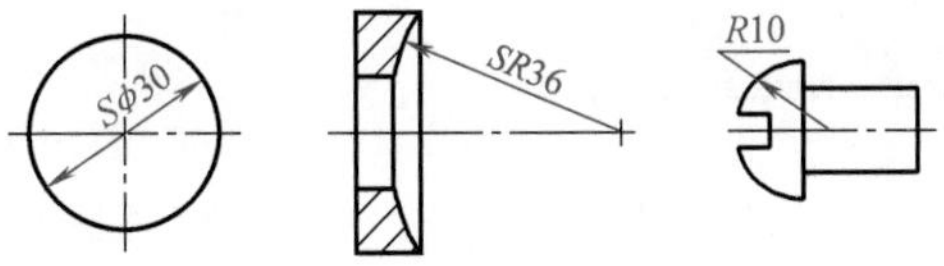	标注球面直径或半径时,应在"ϕ"或"R"前再加注符号"S"。对标准件、轴及手柄端部,在不致引起误解时,可省略"S"
小尺寸	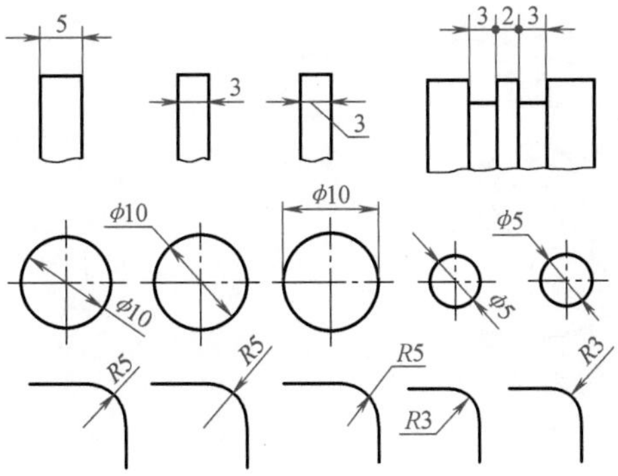	在没有足够位置画箭头或注写数字时,可按图示的形式标注

10

（续）

标注内容	图例	说明
斜度与锥度	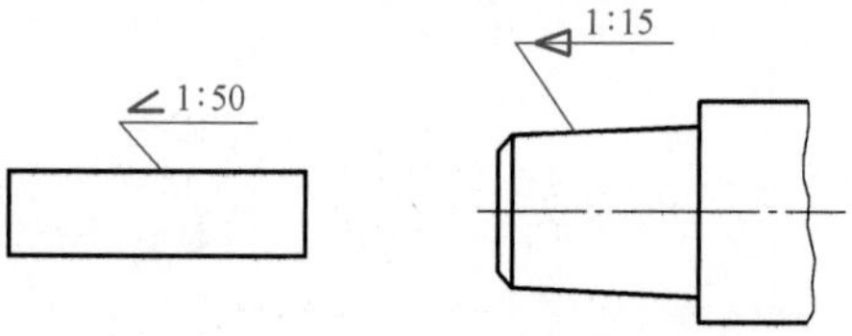	斜度和锥度的图形符号应与斜度、锥度的方向一致,锥度符号基准线应与所示圆锥面轴线平行 必要时,在标注锥度的同时,可在括号内注出其角度值
参考尺寸	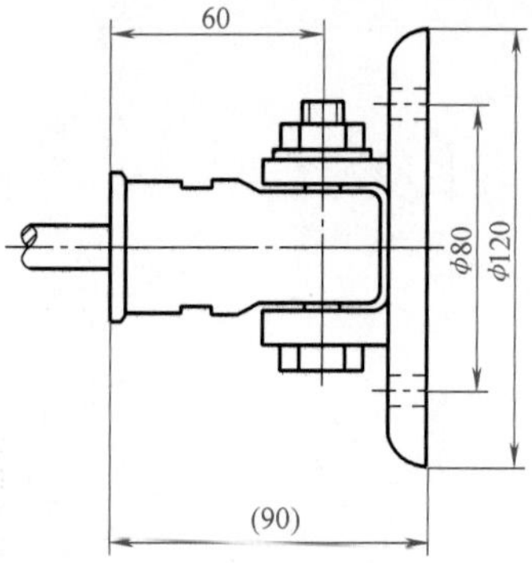	在图中不是很重要的尺寸,或者为参考而标注的尺寸,应加符号"(　)"
型材	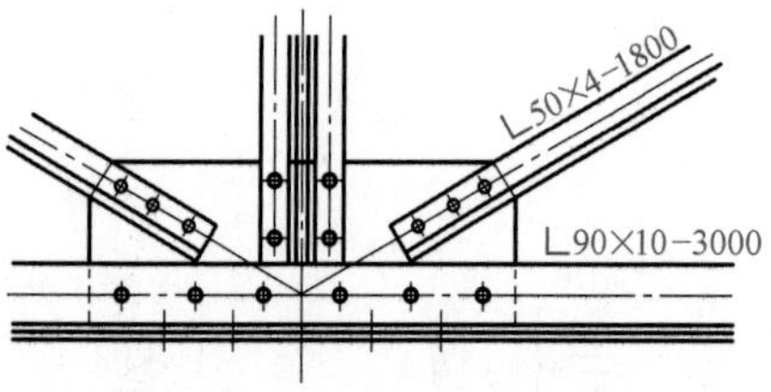	等边角钢为常用型材,其尺寸注法是在尺寸数字前加注符号"L",如图中标注的L 50×4-1800,50表示角钢边宽,4表示钢板厚,1800表示长度 尺寸数字前加注"I"表示工字钢,加"E"表示槽钢,加"□"表示方钢
尺寸与图线穿插	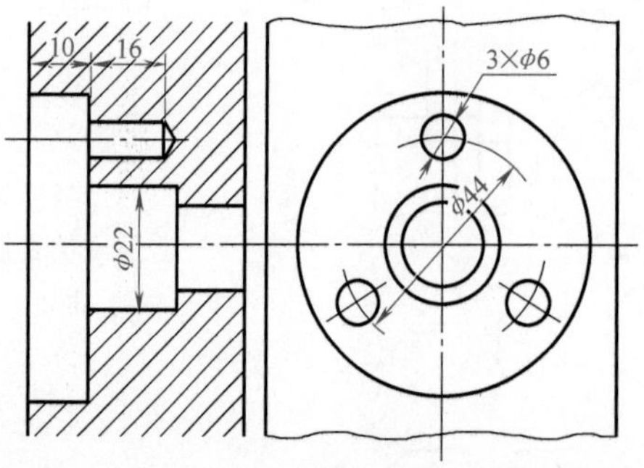	尺寸数字不可被任何图线所穿过,当不可避免时,应将图线断开 相同直径且均匀分布在同一圆周上的圆孔,只需在一个圆上标注直径尺寸,并在其前加注"n×",表示有 n 个圆孔

（续）

标注内容	图例	说明
光滑过渡处		在光滑过渡处标注尺寸时,须用细实线将轮廓线延长,从交点处引出尺寸界线 当尺寸界线过于靠近轮廓线时,允许倾斜画出
具有同一基准的尺寸		具有同一基准的尺寸可以用坐标的形式列表标注
等间隔的尺寸		间隔相等的链式尺寸,可采用图示方法标注
正方形结构		表示断面为正方形的结构的尺寸时,可在正方形边长尺寸数字前加注符号"□",或者注明"l×l",正方形边长为 l
板状零件		标注板状零件的厚度时,可在尺寸数字前加注符号"t"

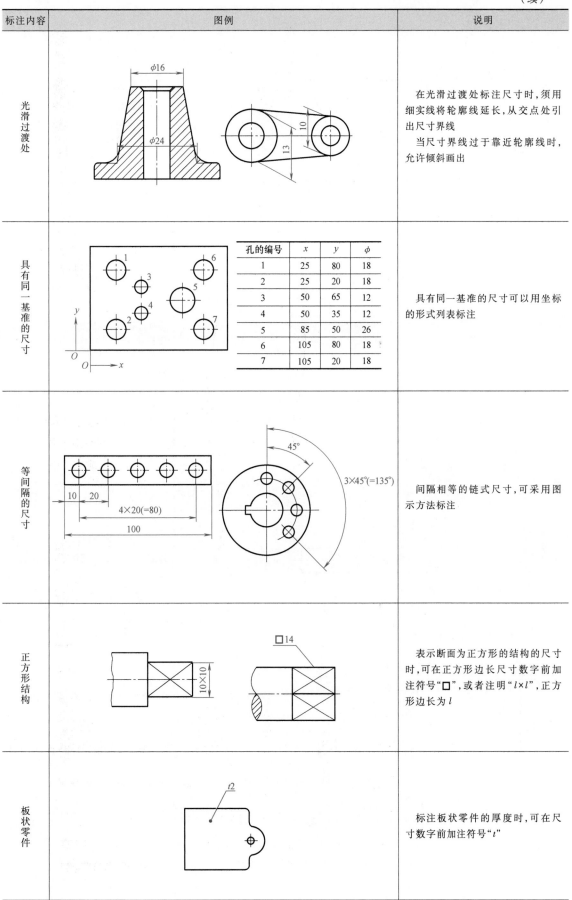

（续）

标注内容	图例	说明
对称体	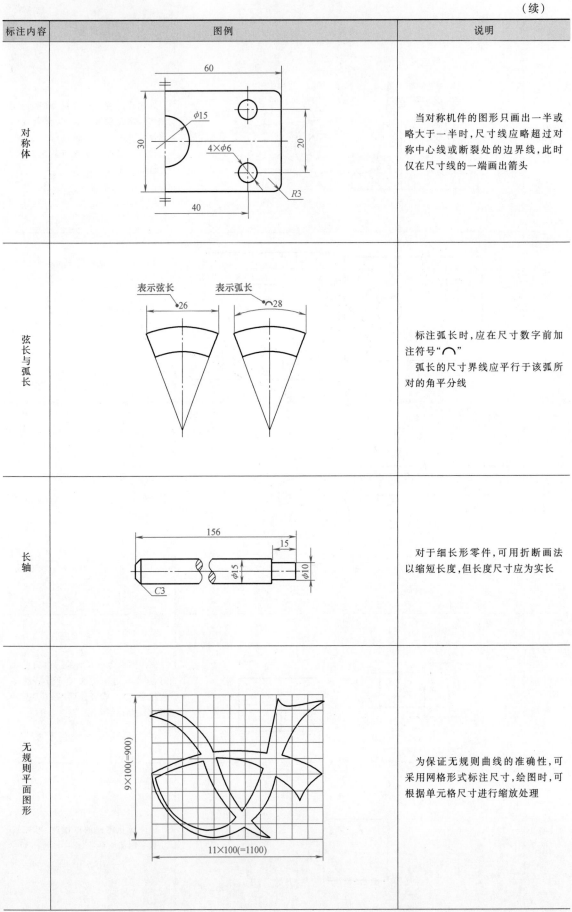	当对称机件的图形只画出一半或略大于一半时,尺寸线应略超过对称中心线或断裂处的边界线,此时仅在尺寸线的一端画出箭头
弦长与弧长		标注弧长时,应在尺寸数字前加注符号"⌒" 弧长的尺寸界线应平行于该弧所对的角平分线
长轴		对于细长形零件,可用折断画法以缩短长度,但长度尺寸应为实长
无规则平面图形		为保证无规则曲线的准确性,可采用网格形式标注尺寸,绘图时,可根据单元格尺寸进行缩放处理

12

（续）

标注内容	图例	说明
外形为非圆曲线的图形	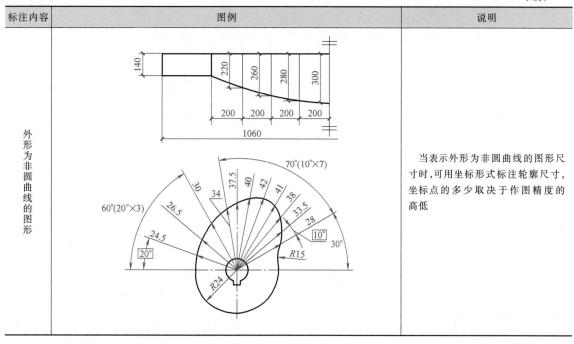	当表示外形为非圆曲线的图形尺寸时,可用坐标形式标注轮廓尺寸,坐标点的多少取决于作图精度的高低

1.3　制图的基本技能

在学习制图的过程中，必须重视基本技能的训练。正确使用各种绘图工具，熟练掌握几何图形的画法和制图的基本方法，对于保证绘图质量和提高绘图速度非常重要。

1. 常用手工绘图工具及其用法

（1）纸张

■制图纸。制图纸又称为铅画纸，适用于铅笔、墨线成图。质优纸表面光滑，质地紧密，表面不易因使用橡皮而起毛，对铅粉及墨水吸附性好，能干净鲜明地绘制细线。

■描图纸。描图纸又称为硫酸纸，呈乳白色，透明度高。该纸分厚、薄两种，适用于铅笔、墨水、蜡笔等。主要用于拓印图样，也可用于绘制效果图。

■草图纸。草图纸又称为方格纸，高级纸为两面印刷，正面印有 5mm×5mm 暗线方格，背面呈 2mm×2mm 暗格，暗格的作用是使线条方向和比例尺度易于把握。

■卡纸。卡纸分白卡和色卡，质地紧密，表面光洁，较厚实，多用于制作设计效果图。

（2）绘图板、丁字尺、三角板（图 1-12）　先将图纸用胶带固定于绘图板上，用三角板与丁字尺配合画直线，以保证画线的准确与迅速。一副三角板与丁字尺配合，可做出如图 1-12 所示的不同角度。

（3）比例尺、曲线板、介尺及量角器　比例尺、曲线板、介尺及量角器如图 1-12 所示。

（4）圆规（图 1-13）　圆规根据不同需要分为大圆规、弹簧规、点圆规和分规等。

（5）绘图笔及专用墨水　常用绘图笔为不同规格的针管笔、鸭嘴笔，而为保证书写质量和避免笔腔针管阻塞，应采用专用墨水。

（6）绘图机　绘图机可提高绘图质量和速度，使绘图操作更加舒适。

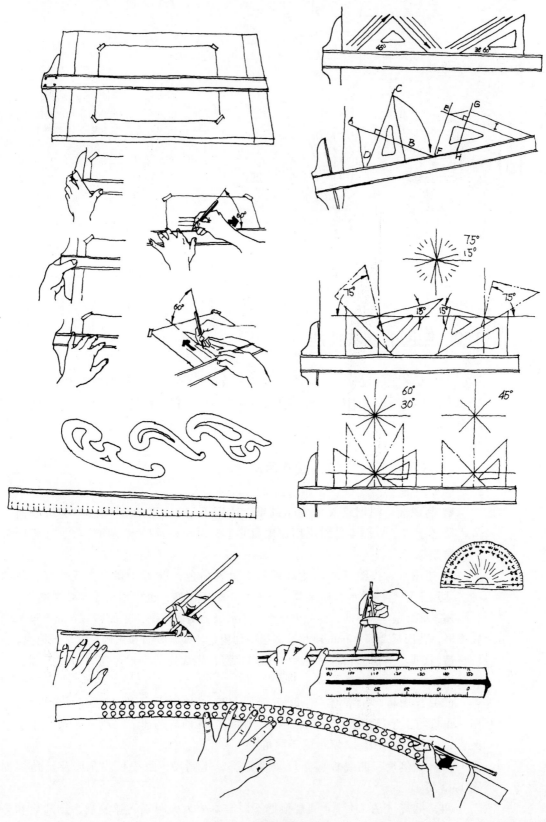

图 1-12　绘图工具（一）

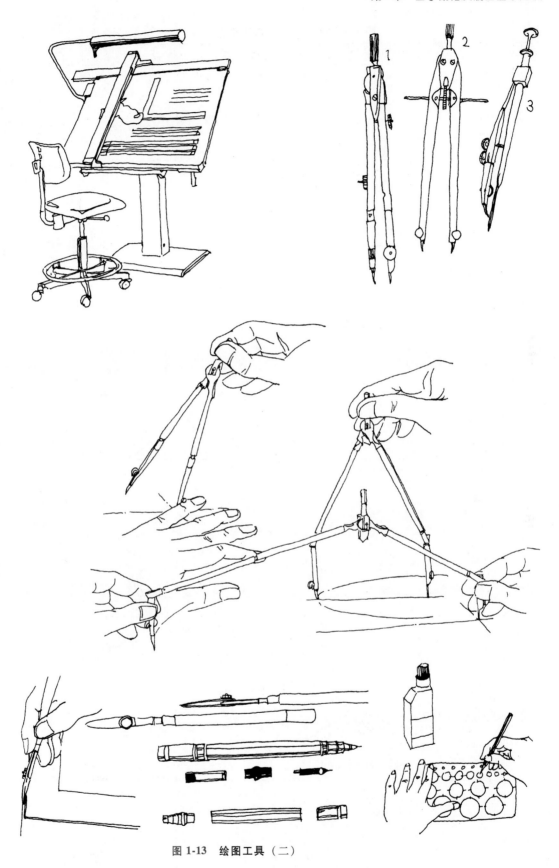

图 1-13 绘图工具(二)

2. 几何作图

等分与多边形的作法见表 1-7。圆弧连接及特殊曲线的作法见表 1-8。

16

表 1-7 等分与多边形的作法

要求	作图
将直线任意等分	
二等分角	
线段的垂直平分线	
已知三边长画三角形	
正五边形	
正六边形	方法一：用圆规辅助　　　　　方法二：用三角板辅助
正八边形	方法一：用圆规辅助

（续）

要求	作图
正八边形	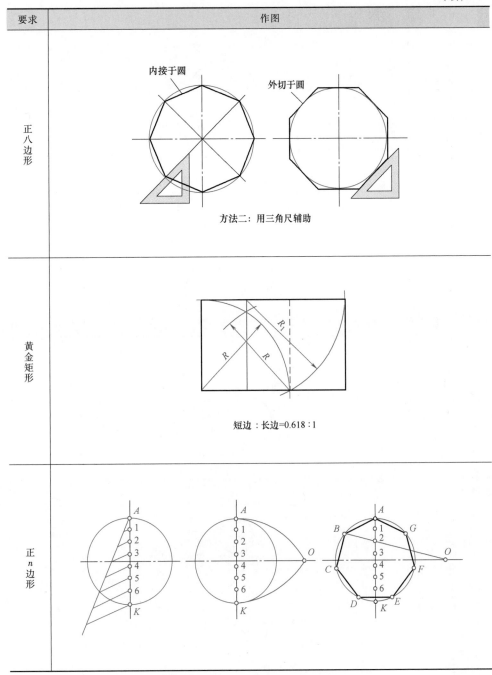

表 1-8　圆弧连接及特殊曲线的作法

连接形式	作图
用圆弧连接两直线	

18

（续）

连接形式	作图
用圆弧连接已知直线和圆弧	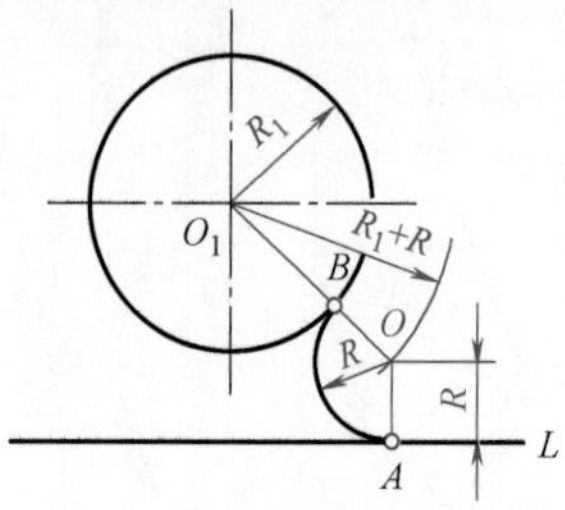
与两已知圆弧外切	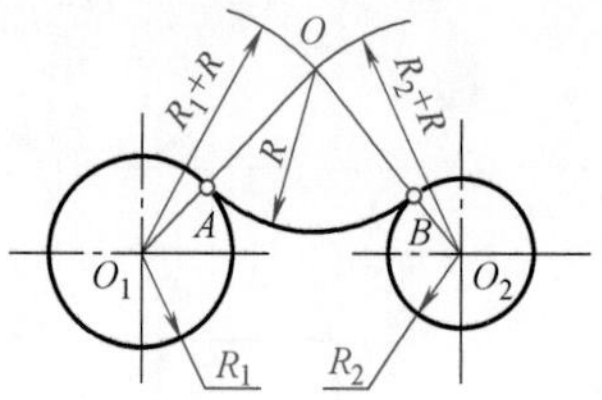
与两已知圆弧内切	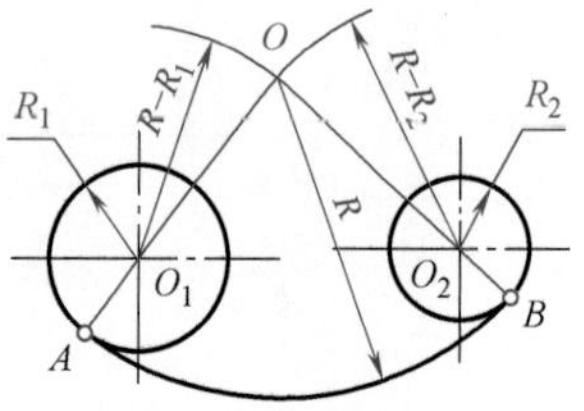
与已知圆弧分别内切和外切	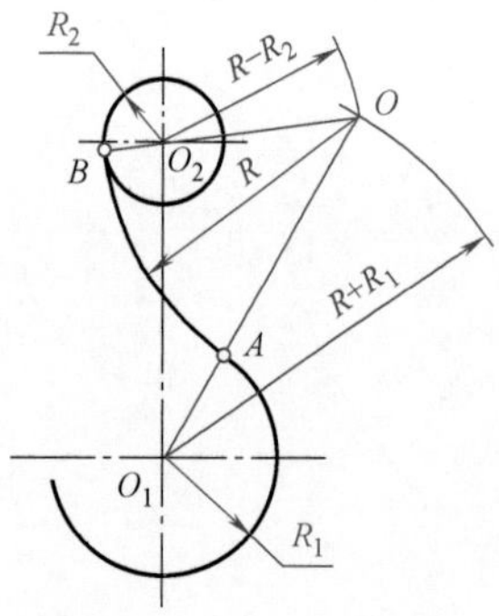
椭圆	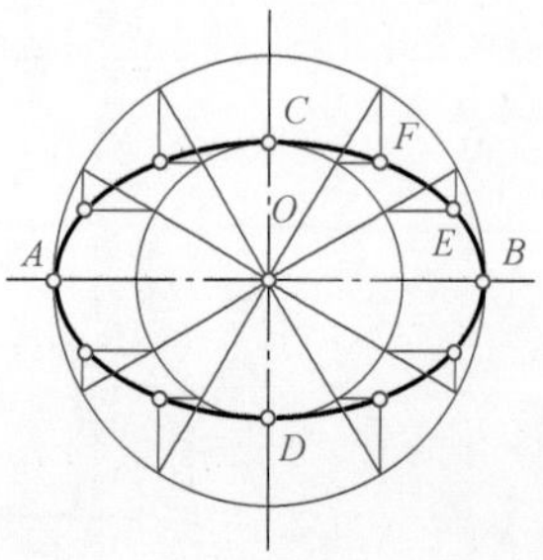 　方法一 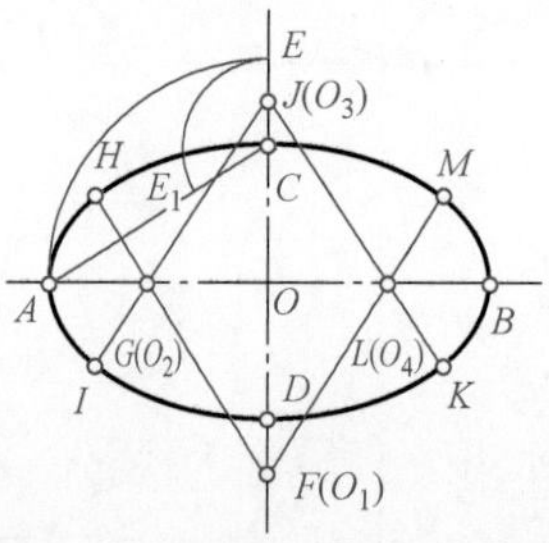　　　　方法二

（续）

（续）

连接形式	作图
螺旋线	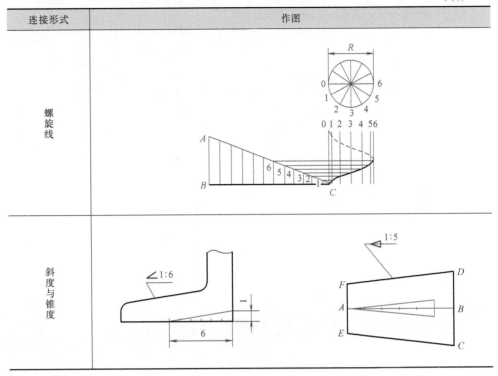
斜度与锥度	

下面分析图 1-14a 所示平面图形中圆弧连接部分的几何作图方法，包括 $\phi 38$ 的圆、$R100$ 的圆弧和 $R25$ 的圆弧。具体作图方法如图 1-14b 所示。

微课讲解
平面图形的
作图方法与
步骤

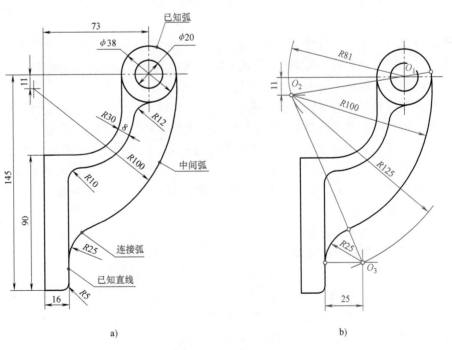

图 1-14　平面图形的绘制

■ 先按已知尺寸画出已知弧和已知直线，即 $\phi 38$ 的圆及铅垂线。

■ 画中间弧。因为两圆内切，所以由中间弧的半径 100mm 减去已知弧的半径 19mm 得到作图时所用的尺寸 $R81$。

■ 根据已画出的已知直线和中间弧画连接弧。由于两圆外切，所以由连接弧的半径 25mm 加上中间弧的半径 100mm 得出作图时所用的尺寸 R125。

常见平面图形的尺寸标注如图 1-15 所示。

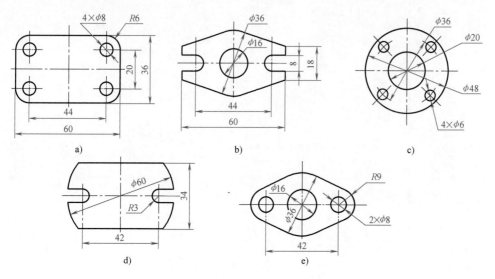

图 1-15　常见平面图形的尺寸标注

3. 徒手图

徒手图也称为草图，是不借助绘图工具，仅凭目测或想象用徒手的方法绘制的图样。在确定表达方案、实物测绘、参观记录和技术交流中，常需要徒手画图。草图操作方便灵活，不受场地空间的限制，熟练掌握草图的绘制方法与技能是工业设计师必备的基本功。

在制图过程中，当碰到难用图形表示的内容时，例如制作顺序和表面处理、材质、加工等信息，可采用文字说明的方法。此时，应把文字作为图面内容考虑，使整幅图面均衡美观。图 1-16 所示为某公共陈列窗的构思草图。

徒手图可根据个人喜好采用不同的工具，如针管笔、弯头钢笔和记号笔等。

徒手图经简捷的光影渲染即能呈现优秀的表现效果，如图 1-17 所示。

（1）徒手图的基本方法　徒手图中常用的辅助方法如图 1-18～图 1-21 所示。

（2）产品测绘　对实际产品进行测量、绘图，并整理出工程图的过程，称为产品测绘。当需要仿制产品或革新产品时，常要对原有产品进行测绘。测绘是徒手图的主要用途之一。

测绘前先要对测绘对象的名称、用途、工作位置、材料及加工方法做一些了解，然后确定视图的表达方案。

下面以填料压盖（图 1-22）为例，介绍草图的作图步骤：

■ 布置图面，画出中心线、轴线等主要作图基线。

■ 以目测方式按比例徒手画出各个视图。

■ 画出全部尺寸线、尺寸界线，最后一并填写尺寸。

■ 标注必要的加工要求和技术说明。

详细内容如图 1-23 所示。图中的尺寸数值是通过测量确定并填写的，测量尺寸时应根据具体的尺寸精度选用相应的量具。

最后可根据草图用计算机绘制完成填料压盖的零件图（生产加工用图），如图 6-2 所示。

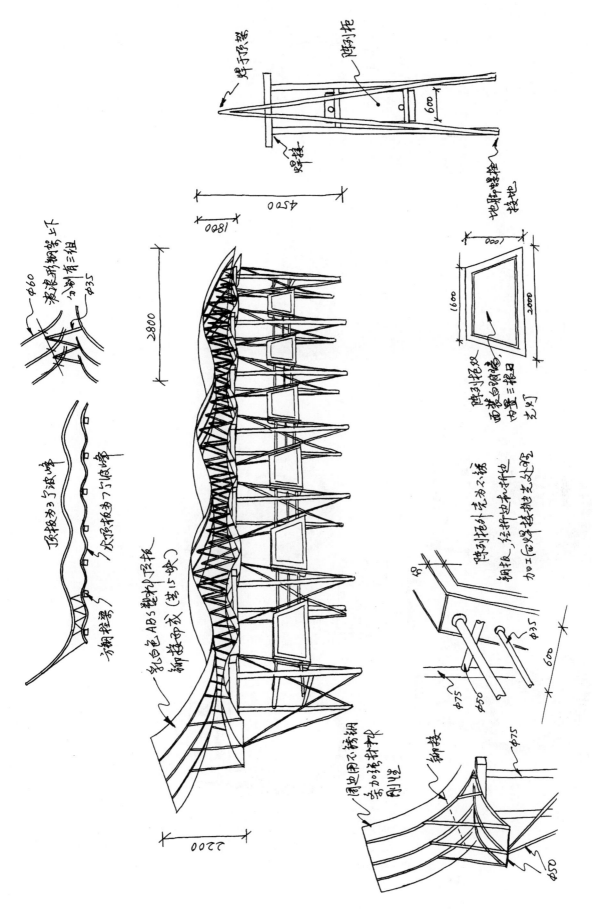

图 1-16 某公共陈列窗的构思草图

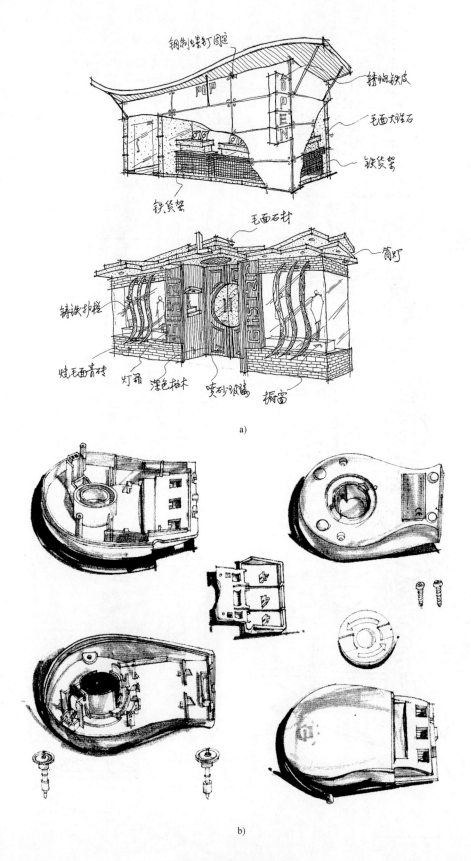

a)

b)

图 1-17　徒手图

a）建筑外立面效果　b）产品结构表现

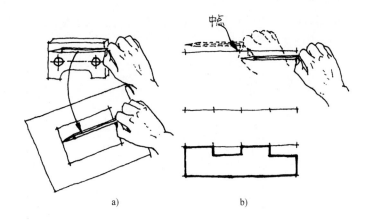

图 1-18　直线的度量与等分

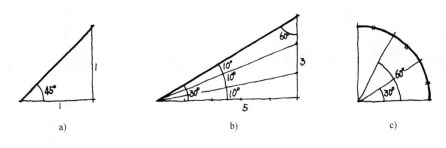

图 1-19　角度的近似画法

a）等边比例法作 45°　b）不等边比例法作 30°、60°、10°　c）角度法等分圆弧

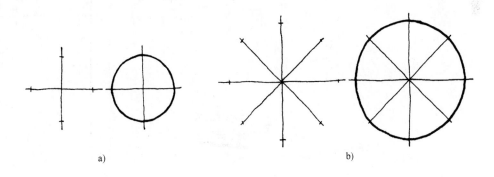

图 1-20　目测半径法画圆

a）画小圆　b）画大圆

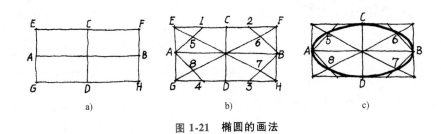

图 1-21　椭圆的画法

（3）草图的分类

■ 正投影草图。图1-23所示即为正投影草图。图1-24所示为另一示例，为把握形状比例，可借助辅助线。

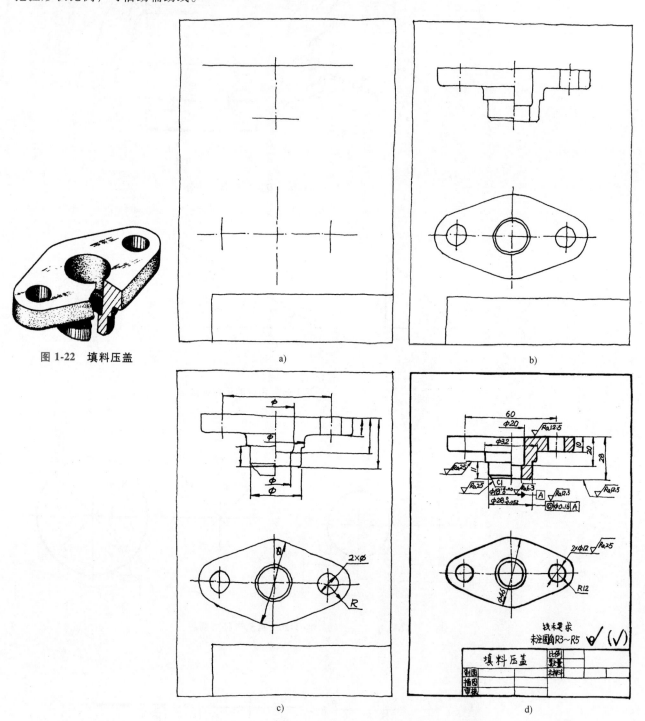

图 1-22 填料压盖

a)

b)

c)

d)

图 1-23 零件草图的绘图步骤

a）布置图面 b）画出视图 c）画出尺寸线和尺寸界线 d）标注相关内容完成草图

■ 轴测草图。轴测图的概念详见本书第4章。下面以图1-25a所示机件为例，介绍轴测草图的画法。首先由实物或视图了解物体形状，选择最合适的轴测轴方向（图1-25b），画出辅助线框，并估计比例关系（图1-25c），进一步描绘细部结构（图1-25d、e），最后也可做适度明暗渲染（图1-25f）。

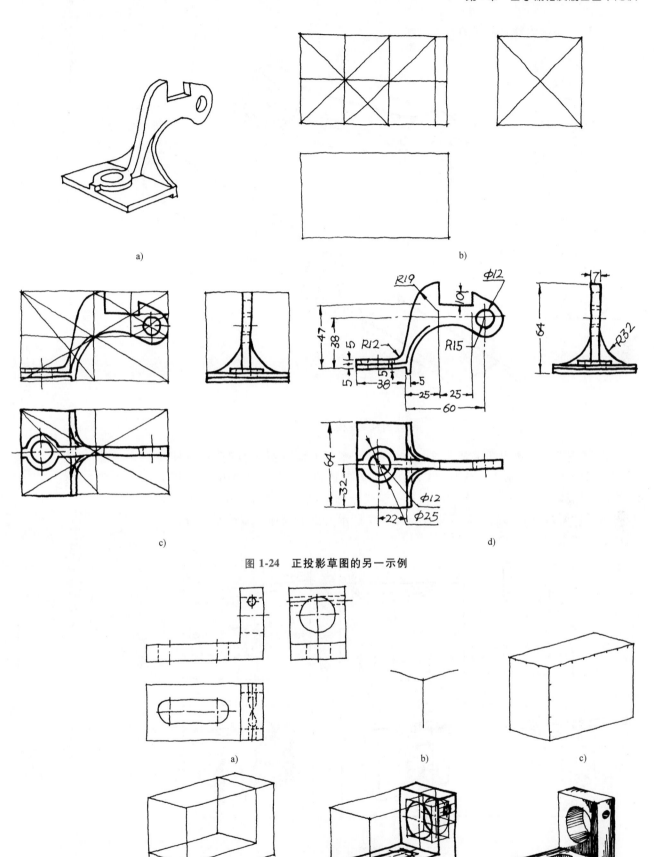

图 1-24　正投影草图的另一示例

图 1-25　轴测草图的画法

图 1-26 所示为轴测草图的另一示例。

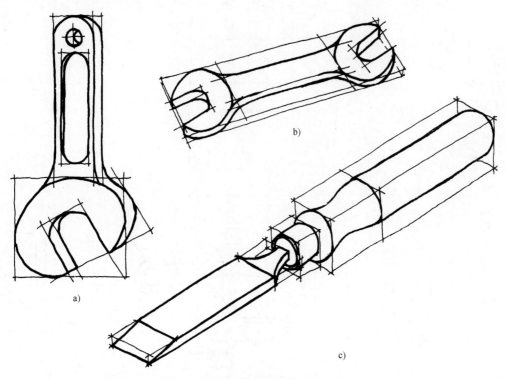

图 1-26 工具的轴测草图

■ 透视草图。透视图的概念详见本书第 10 章。下面以图 1-27a 所示机件为例，介绍透视草图的画法。首先由实物或视图确定透视关系（图 1-27b），利用辅助线求出物体的轮廓线（图 1-27c），进一步描绘细部结构（图 1-27d、e），最后也可做适度明暗渲染（图 1-27f）。对于图 1-27 所示类型的物体，常采用立方体倍增的方法辅助作图。

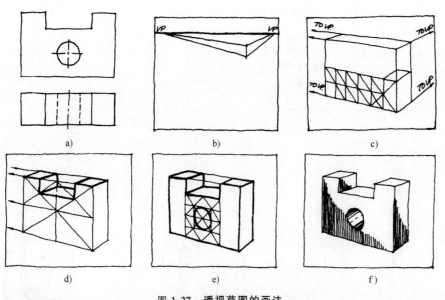

图 1-27 透视草图的画法

图 1-28 所示某建筑群的鸟瞰图为透视草图的另一示例。

为提高画图效率，可在市场上购买印有网格的草图专用纸。图 1-29 所示为用网格纸绘制的草图示例。

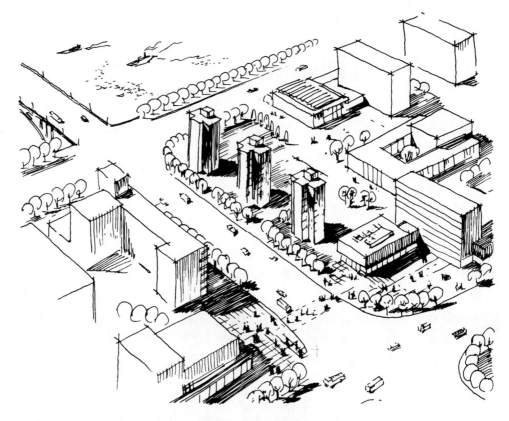

图 1-28　某建筑群的鸟瞰图

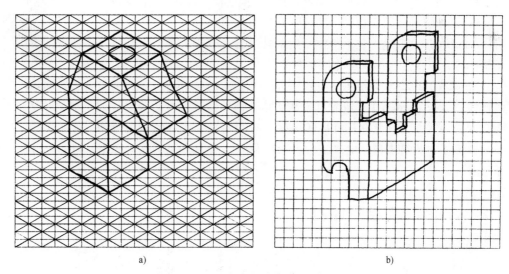

a)　　　　　　　　　　　　　　　　　　b)

图 1-29　用网格纸绘制的草图示例

第2章
AutoCAD 绘图基础

本章重点介绍运用 AutoCAD 软件画工程图的方法，以培养学生运用软件进行设计绘图的能力。若需要了解 AutoCAD 的详尽内容，则可查询 AutoCAD 用户手册和其他相关参考书。

2.1　AutoCAD 软件概述

CAD（Computer Aided Design）的含义是计算机辅助设计，诞生于 20 世纪 60 年代，是指利用计算机及其图形设备帮助设计人员进行设计工作，是计算机技术的一个重要应用领域。

AutoCAD 是美国 Autodesk 公司开发的一款交互式绘图软件，是一款具有设计自动化功能及工具组合、Web 和移动应用程序的 CAD 软件。建筑师、工程师和设计人员可依靠该软件来创建精准的二维图形和三维模型。

AutoCAD 是目前世界上应用最广泛的 CAD 软件，新功能将随每次版本发布和产品更新而推出。AutoCAD 的主要功能包括：

■ 使用实体、曲面和网格对象绘制、标注和设计二维几何图形及三维模型。

■ 自动执行任务，如比较图形、计数、添加块、创建明细表等。

■ 使用附加模块应用程序和 API 进行自定义。

AutoCAD 2023 软件包括行业专用工具组合、改进的跨平台和 Autodesk 产品的互联体验，以及全新的自动化操作功能。

AutoCAD 2023 贯彻了 Autodesk 公司一贯倡导的方便性和高效性，通过多种应用软件可以把 AutoCAD 改造成为满足各专业领域需要的专用设计工具。其具有性能稳定、功能强大、兼容及可扩展性好、易学易用、操作方便等优点，广泛应用于机械工程、建筑工程、电气工程、石油化工、模具制造、工业设计、土木工程等领域。

2.2　AutoCAD 绘图环境

1. 启动 AutoCAD 2023

在计算机上完成 AutoCAD 安装后，要利用 AutoCAD 画图时，必须先启动 AutoCAD 软件，可采用以下三种操作方法。

■ 方法一：移动鼠标指针到桌面上的 AutoCAD 2023 图标，双击鼠标左键，启动 AutoCAD 软件。

■ 方法二：移动鼠标指针从"开始"菜单依次选择"所有程序"→"Autodesk"→"AutoCAD 2023"。

■ 方法三：通过用鼠标双击 AutoCAD 格式文件（∗.dwg 或 ∗.dwt）启动 AutoCAD。

　　进入 AutoCAD 后，系统会自动建立新图并命名为"Drawing1.dwg"，此时的 AutoCAD 2023 界面如图 2-1 所示。可以在此界面绘制图形，并在菜单浏览器中选择"保存"或"另存为"命令将所绘新图保存为图形文件，如图 2-2 所示。

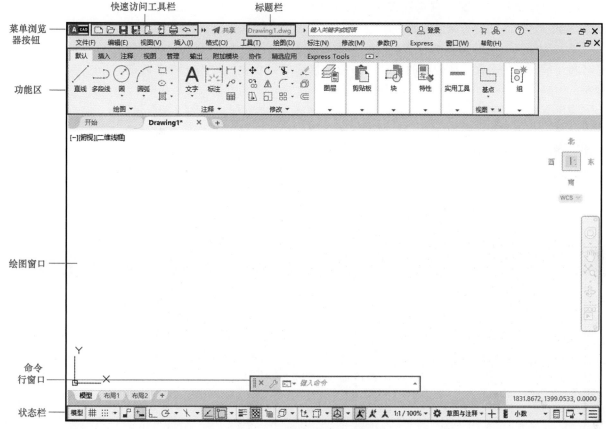

图 2-1　AutoCAD 2023 界面

　　AutoCAD 2023 的界面由分组的菜单浏览器按钮、快速访问工具栏、功能区等组成，它使设计人员可以在专门的、面向任务的绘图环境中进行设计工作。AutoCAD 2023 提供了"草图与注释""三维基础""三维建模"等工作空间，用户可以根据具体的设计情景选用所需要的工作空间。

　　切换工作空间的方法：在状态栏靠右区域，单击 ⚙ 草图与注释 ▾ 按钮展开其列表，选择"草图与注释""三维基础""三维建模"选项来完成工作空间切换，如图 2-3 所示。

图 2-2　菜单浏览器中的"保存"或"另存为"命令

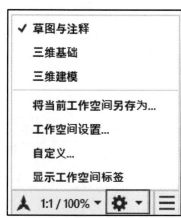

图 2-3　切换工作空间

2. AutoCAD 2023 界面介绍

启动 AutoCAD 软件后，默认的"草图与注释"工作空间的界面如图 2-1 所示，该界面主要由标题栏、菜单浏览器按钮、快速访问工具栏、功能区、绘图窗口、命令行窗口、状态栏等几部分组成。

（1）标题栏　与其他标准的 Windows 应用程序界面相同，标题栏显示应用程序名和当前图形的名称。标题栏的右侧分布有控制窗口最小化、最大化和关闭的按钮。

（2）菜单浏览器　单击菜单浏览器按钮可拉开菜单浏览器，如图 2-4 所示。其中左列为常用的文件管理命令，右列为以图片或图标形式显示的最近查看过的文件（可根据访问日期、大小或文件类型对其进行分组）。

（3）快速访问工具栏　快速访问工具栏以图标的形式集成了常用的"新建""打开""保存""另存为""从 Web 和 Mobile 中打开""打印"和"重做"等命令。单击其最右侧的 ▼ 按钮可打开图 2-5 所示快速访问工具栏下拉列表。

图 2-4　菜单浏览器

图 2-5　快速访问工具栏下拉列表

（4）功能区　功能区提供了调用命令的另一种方式，它在不同选项卡中集成了许多用图标表示的命令按钮，相近的命令按钮又通过选项板来分组显示。例如，在"默认"选项卡中，就有"绘图""修改""注释""块"等选项板，如图 2-6 所示。

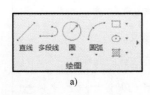

a)

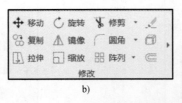

b)

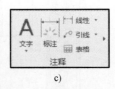

c)

d)

图 2-6　功能区选项板

图 2-7　绘图窗口的
"新建" 按钮

（5）绘图窗口　绘图窗口是 AutoCAD 中用来查看、绘制图形的主要区域。在 AutoCAD 中创建新图形文件或打开已有的图形文件时，都会产生相应的绘图窗口。由于 AutoCAD 从 2023 版本开始支持多文档操作，因此在 AutoCAD 2023 中可以有多个绘图窗口，如图 2-7 所示为绘图窗口的 "新建" 按钮。

绘图窗口的下方有 "模型" 和 "布局" 标签，单击它们可以在模型空间和图纸空间之间来回切换。

（6）命令行窗口　命令行窗口位于绘图窗口的底部，用于接收用户输入的命令和记录用户执行的命令。值得注意的是，虽然使用的是中文版软件，但所有的命令在这里都要用英文输入。

（7）状态栏　状态栏位于界面底部，用于显示坐标、提示信息等，同时还提供了一系列的切换控制按钮，包括 "捕捉模式" 、 "栅格" 、 "正交模式" 、 "极轴追踪" 、 "二维对象捕捉" 、 "三维对象捕捉" 、 "对象捕捉追踪" 、 "线宽" 、 "自动缩放" 、 "标注比例" 、 "切换工作空间" 、 "全屏显示" 等。单击这些按钮，可使其功能在 "打开" 和 "关闭" 状态之间切换。用鼠标右键单击任意按钮均可进行相应的选择或设置。

3. AutoCAD 图纸幅面与字体

CAD 工程图的图纸幅面与手工绘图的图纸幅面相同。建议汉字采用 5 号字，字母和数字采用 3.5 号字，并推荐选用表 2-1 所列的字体。

表 2-1　CAD 工程图中使用的字体

汉字字型	应用范围
长仿宋体	图中标注及说明的汉字、标题栏、明细栏等
单线宋体	大标题、小标题、图册封面、目录清单、标题栏中设计单位名称、图样名称等
宋体	
仿宋体	工程地图、地形图等
楷体	
黑体	

4. 退出 AutoCAD

用户可通过以下三种方法来退出 AutoCAD。

- 方法一：直接单击 AutoCAD 界面右上角的 "关闭" 按钮。
- 方法二：选择菜单浏览器 "关闭" 命令。
- 方法三：在命令行中输入 "quit" 或 "exit"。

图 2-8　提示对话框

如果在退出 AutoCAD 时，当前的图形文件没有保存，则系统将弹出图 2-8 所示提示对话框，提示用户在退出 AutoCAD 前保存还是放弃对图形所做的修改。

2.3　AutoCAD 实用功能介绍

1. DWG 比较功能

DWG 比较功能可以将当前图形与其他图形进行比较，或者将当前图形与支持的云账户上存储的早期版本的图形进行比较。

在设计过程中，记住设计文件从一个版本到下一个版本的改变越来越困难，特别是在远程分布式团队工作中。DWG 比较功能提供了一种在两个图形或图形的两个修订版本之间进行视觉比较的方法。在比较时，差异会以颜色和修订云线高亮显示。

说明：修订云线是 AutoCAD 的一种绘图功能，设计中绘制修订云线可单击功能区的"修订云线"按钮▭调用命令来实现。

为了便于在比较状态下直接编辑图形，该功能的选项和控件集中显示在绘图窗口顶部的比较工具栏 ⚙ DWG比较 💡 ⇦ ⇨ 🗎 🖼 ✔ 中。应用该工具栏和设置控件 ⚙ 中的诸多功能选项，可以轻松切换比较图形、输出比较结果，以及切换差异类型的显示。此外，可以在比较状态下直接将当前图形与指定图形一起进行比较和编辑，也可以将差异部分输入到原图形中。

以比较图 2-9a、b 所示的两个图形为例，比较图形差异并进行修改的过程如下（操作步骤详见演示视频，扫码观看）：

■ 打开图 2-9a 所示图形。

■ 单击展开功能区"协作"选项卡，单击"DWG 比较"按钮▦或者在命令行窗口输入命令"Compare"。

■ 在弹出的对话框中选择要比较的图 2-9b 所示图形。

操作演示
DWG比较
功能

■ 对比结果如图 2-9c 所示，可以看到两图形的差异部分用修订云线框出了，相同、增加和减少的部分以不同颜色显示。默认情况下，两个图形的相同部分以灰色显示，相比原图增加的部分以红色显示，减少的部分以绿色显示。若要修改显示的颜色，可以利用设置控件 ⚙ 来实现。

■ 可以单击比较工具栏中的"比较切换"按钮💡切换原图和比较结果。如果差异部分较多，则可以单击箭头 ⇦ ⇨ 来逐个检查。

■ 单击"输出快照"按钮🖼可以将比较结果输出到新的快照图形文件中，如图 2-9d 所示，该图形合并了两个图形之间的相同与差异部分。

■ 选择图 2-9b 所示图形的差异输入到图 2-9a 所示图形中。单击"输入选定对象"按钮🗎，然后选择图形的差异部分，如图 2-9e 所示（只能选择相比原图增加的部分）。按〈Enter〉键确认，结果如图 2-9f 所示。

DWG 比较功能有以下限制：

■ 仅可在模型空间中操作。如果选定的用于比较的图形保存在布局中，则该功能会使绘图窗口自动切换到"模型"选项卡。

■ 仅支持 DWG 文件。

■ 不支持一些对象类型，包括 OLE 对象、相机、地理数据，Map 3D 中的 GIS 对象、非 DWG 参考底图、图像、协调模型和点云。

■ 不支持将比较结果与第三个图形进行比较。

■ 无法检测到嵌套块内的"ByBlock"（随块）或"ByLayer"（随层）特性更改。

■ 比较图形仅以二维线框视觉样式显示。

■ 修订云线无法将更改包括在三维等轴测视图中。

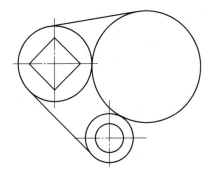

a)

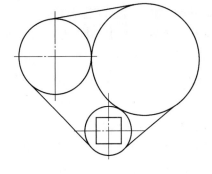

b)

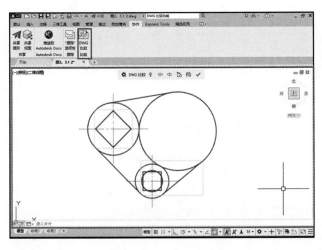

c)

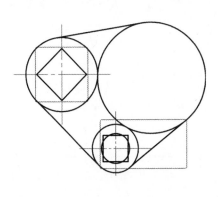

d)

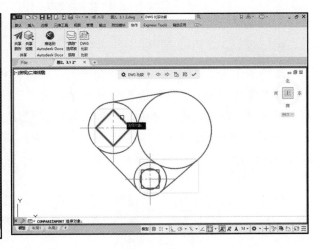

e)

f)

图 2-9　DWG 比较功能

a）原图　b）要比较的图　c）对比结果　d）输出比较快照　e）选择差异部分　f）完成修改

2. 快速测量功能

应用快速测量功能，可以动态、快速地查看平面图形的长度、半径、角度、周长、面积等，测量信息以当前单位格式显示在当前窗口中和命令提示栏上。

快速测量功能的调用方法如下（操作步骤详见演示视频，扫码观看）：

■ 在功能区依次选择"默认"选项卡→"实用工具"选项板→"测量"子列表→"快速测量"选项，或者在命令行窗口输入命令"Measuregeom"。

操作演示
快速测量功能

■ 将光标移动到需要快速测量的对象上，绘图窗口将动态显示平面图形的长度、半径、角度，并会以橙色方块显示直角，如图 2-10a 所示。

■ 在图形窗口中单击选择某一封闭的图形区域，则该区域会以绿色高亮显示，可以测量此区域的周长、面积，如图 2-10b 所示。

■ 完成所需测量后按〈Esc〉键退出快速测量模式。

如果需要测量复杂图形，为了避免尺寸混乱并提高性能，则应该先放大再进行测量。

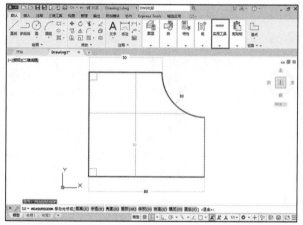
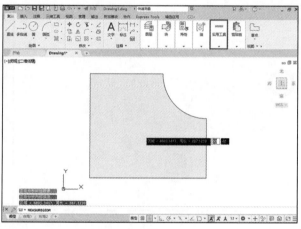

a)   b)

图 2-10 快速测量功能

a) 快速测量功能的动态显示 b) 测量周长、面积

3. 块功能

块功能作为 CAD 中的一个常用功能，可以将重复性图形定义为一个图块，进而提高作业时的效率。较新版本的 AutoCAD 提供了多种调用方式，以满足不同使用习惯用户的需求。调用块功能一般有以下几种方式：

■ 在功能区依次选择"默认"选项卡→"块"选项板，再选择需要的块命令；或者依次选择"插入"选项卡→"块定义"选项板，再选择需要的块命令，如图 2-11a 所示。

■ 在功能区依次选择"视图"选项卡→"工具"选项板→"设计中心"列表→"块"选项打开"块"面板，进而可以选择"最近使用的块""收藏块""库中的块"选项，如图 2-11b 所示。

较新版本的 AutoCAD 的"块"选项板优化了功能布局，如图 2-12a 所示，"当前图形""最近使用""收藏夹""库"四个主要功能选项卡可帮助用户高效地调用和管理"块"。四个选项卡分别可以完成以下功能：

■ "当前图形"选项卡可以将当前图形中的所有块显示为图标，便于迅速找到目标块，如图 2-12a 所示。

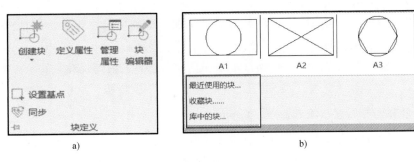

图 2-11　块功能

a)"块定义"选项板　b)"块"面板

■"最近使用"选项卡可以显示所有最近插入的块，如图 2-12b 所示，也可以从该选项卡中删除块。

■"收藏夹"选项卡用于显示用户的个人收藏，用户可以登录个人账号来同步个人收藏，也可单击 ⚙ ▾ 来同步个人块，如图 2-12d 所示。通过云端同步的方式，较新版本的 AutoCAD 可以实现多平台协作，相较于旧版本，显著提高了使用的效率。

■"库"选项卡用于打开库，库是存储在单个图形文件中的块定义集合，用户可以使用 Autodesk 或其他厂商提供的块库或自定义块库，如图 2-12c、e 所示。

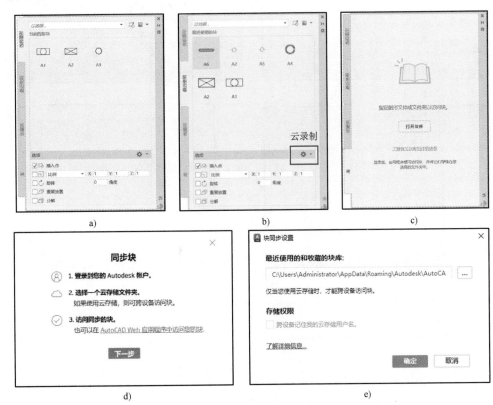

图 2-12　新的"块"选项板的功能布局

a)"块"面板功能布局　b)"最近使用"选项卡　c)"库"选项卡

d)"收藏夹"选项卡的账号同步提示框　e)本地库导入的"块同步设置"对话框

4. 计数功能

计数功能可以对图表中不同对象的数量快速、准确地进行统计，而且可以将统计结果汇总成相应的表格，进而提高复杂图样中重复要素的统计效率。

计数功能的调用方法如下（操作步骤详见演示视频，扫码观看）：

■ 在功能区依次选择"视图"选项卡→"工具"选项板，单击"计数"按钮，或者在命令行窗口输入命令"Count"。

■ 选择需要计数的目标图，如图 2-13a 所示。

■ 框选目标图后右击，在弹出的快捷菜单中选择"计数"选项，如图 2-13b 所示。

■ 在绘图窗口左侧的"计数"选项卡中选择需要统计的单一图形对象或块对象，所选的对象会在绘图窗口中高亮显示，如图 2-13c 所示。

■ 单击"计数"选项卡中的按钮后勾选相应的对象，如图 2-13d 所示，选择好后单击"插入"按钮。

■ 在绘图窗口中的合适位置处放置表格，插入的表格如图 2-13e 所示。

操作演示
计数功能

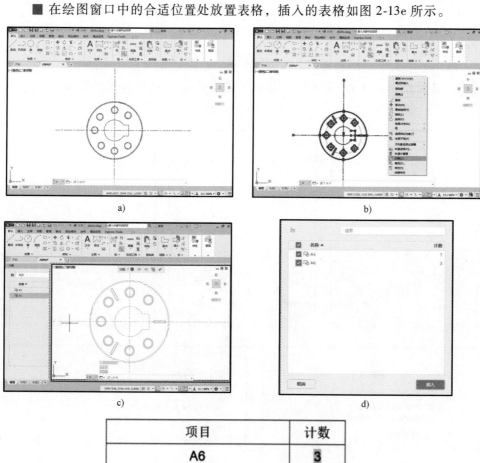

a)   b)

c)   d)

项目	计数
A6	3
A4	7

e)

图 2-13 计数的扩展功能

a）选择目标图　b）选择"计数"选项　c）"计数"选项卡

d）勾选统计对象　e）插入的表格

5. 协作功能

协作功能可以使团队协作设计和文件处理变得更加方便，主要包括共享（Share）和跟踪（Trace）两个过程。共享者可以在 AutoCAD 中通过共享过程进行设置，将图形副本的链接发送给协作者；协作者可以通过跟踪过程打开共享者提供的链接，进而在 AutoCAD Web 应用程序或移动应用程序中对图形进行修改，而不必单独下载 AutoCAD 软件、图样文件或其他协同软件就可以修改现有图形。

（1）共享过程

■ 共享者创建 Autodesk 账户并在 AutoCAD 中登录。共享图形副本链接需要共享者、协作者双方都完成 Autodesk 账户的创建和登录。

■ 在功能区依次选择"协作"选项卡→"共享"选项板，单击"共享图形"按钮 ，或者在命令行窗口输入命令"Share"，如图 2-14a 所示。

■ 系统弹出"共享指向此图形的链接"对话框，可在此设置协作者的图形编辑权限，如图 2-14b 所示，"仅查看"表示协作者只有查看阅读图样的权限，"编辑并保存副本"表示协作者可以对收到的图样进行编辑并保存副本。收到图样的协作者无法修改原始图形，共享者不必担心自己的图样原文件。

■ 为便于团队协作，共享者可以选择"编辑并保存副本"选项，再单击"复制链接"按钮，如图 2-14b 所示。而后可以用"粘贴"功能（按〈Ctrl+V〉键）将链接发送给协作者。创建的链接将在其创建的七天后过期。

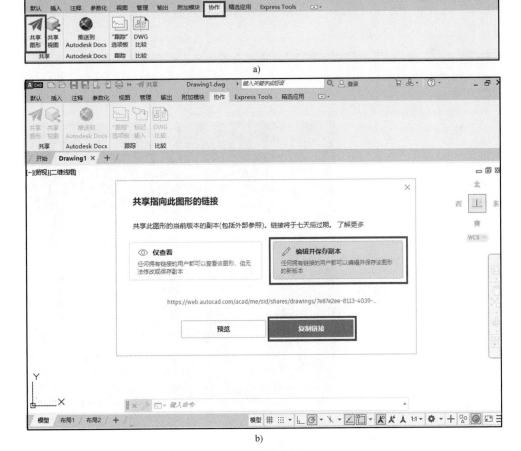

图 2-14　共享过程

a）"共享图形"按钮　b）设置图形编辑权限，复制链接

（2）跟踪过程　跟踪过程提供了一个安全协作空间。对于共享权限为"编辑并保存副本"的链接，协作者可快捷安全地在 AutoCAD Web 应用程序中或移动应用程序中向图形添加更改，而不必单独下载 AutoCAD 软件、图样文件或其他协同软件。

■协作者单击共享者发来的链接后，可以选择在浏览器中打开，如图 2-15a 所示。单击展开"跟踪"选项卡，单击"新跟踪"按钮，则可以新建一个审查图层进行审查反馈，并可根据需要自行编辑。单击"在桌面中打开"按钮即可通过 AutoCAD 打开图形副本。审查图层类似一张覆盖在图样上的虚拟协作跟踪图纸，便于协作者在图形中添加反馈意见。

■在审查图层中可以调用"绘图""注释""修改"选项卡提供的命令进行编辑，例如，可以单击"注释"选项卡中的"修订云线"按钮绘制修订云线，再单击"多行文字"按钮输入"数据标注有误"，如图 2-15b 所示。

■协作者审查图形并进行编辑、标记后可以保存文件，单击浏览器界面右上角的"保存"按钮即可，如图 2-15c 所示，则该跟踪记录会自动同步到原文件中。

■协作者还可以再次共享链接，单击图 2-15c 所示绘图区右上角的"共享"按钮即可。也可以单击按钮打开"AutoCAD Web & Mobile"页面，单击"下载"按钮将刚保存的文件下载到计算机中，如图 2-15d 所示。

■对于保存到原文件中的跟踪记录，共享者在 AutoCAD 中打开原图形并展开"协作"选项卡后，可以单击"'跟踪'选项板"按钮将其打开，便可查看跟踪者做的标记，如图 2-15e 所示。

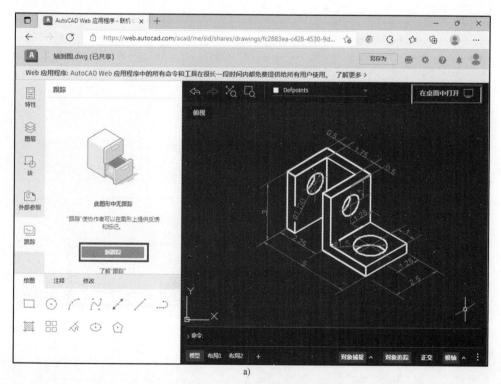

a)

图 2-15　跟踪过程
a）查看共享链接

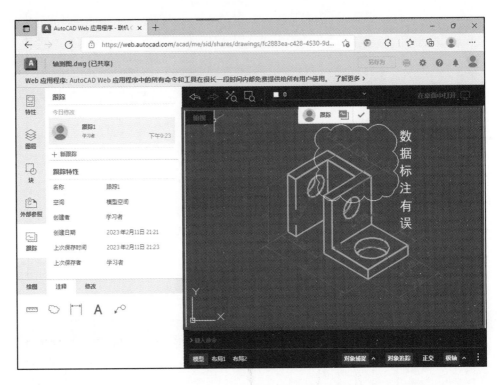

b)

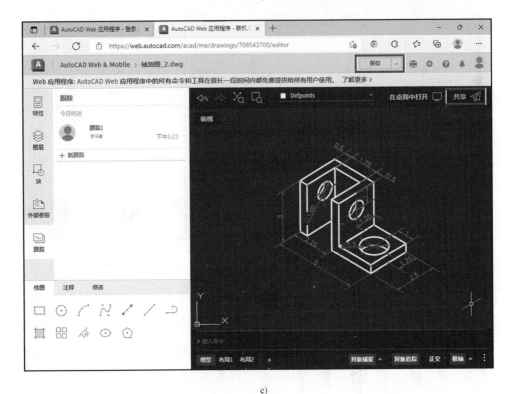

c)

图 2-15 跟踪过程（续）

b）审查图形并添加跟踪记录 c）保存跟踪记录或进行共享

39

40

d)

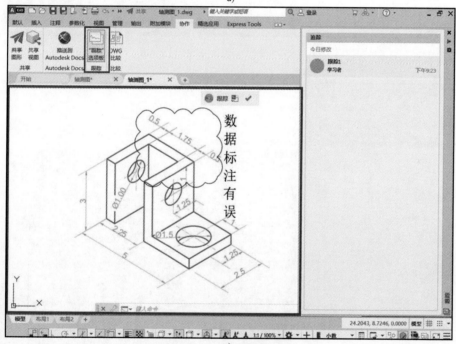

e)

图 2-15　跟踪过程（续）

d）下载图形文件　e）从 AutoCAD 中打开并查看跟踪记录

对于线上教学而言，协作功能方便教师轻量化地查阅和修改同学们的 CAD 操作作业，并提供指导意见，同时同学们之间通过协作功能也可以便捷地共享文件，讨论和研究学习内容。

6. 动作录制器

动作录制器可以录制大多数命令，将录制的命令、选项和值序列保存为动作宏，进而使 AutoCAD 可以自动化地简化工作流和完成重复性任务。

计数功能的调用方法如下（操作步骤详见演示视频，扫码观看）：

■ 在功能区依次选择"管理"选项卡→"动作录制器"选项板，单击"录制"按钮 进入动作录制模式，如图 2-15a 所示。

■ 动作录制器可以录制命令行窗口、功能区、下拉菜单、"特性"面板、层属性管理器等部分的动作，单击"动作录制器"可以展开"动作树"下拉列表，可在此查看动作树中的作图步骤并进行编辑，如图 2-15b 所示。

■ 录制完成后单击"停止"按钮 ，系统会弹出"动作宏"对话框提示输入一个动作宏名称，还可以在"说明"文本框中为动作宏输入说明，如图 2-15c 所示。设置完成后单击"确定"按钮，动作宏将被保存到扩展名为".actm"的文件中。该文件记录下了进行的操作，并可以直接发给其他人来使用。

■ 调用动作宏时，同样在"管理"选项卡的"动作录制器"选项板操作，单击"播放"按钮即可使 AutoCAD 自动执行录制过的动作，需要 AutoCAD 执行几次该动作就需要单击"播放"按钮几次。播放完动作宏，系统会弹出"动作宏-回放完成"对话框，如图 2-16d 所示。

41

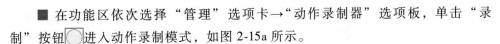
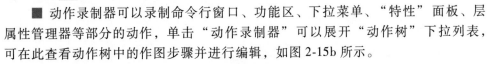
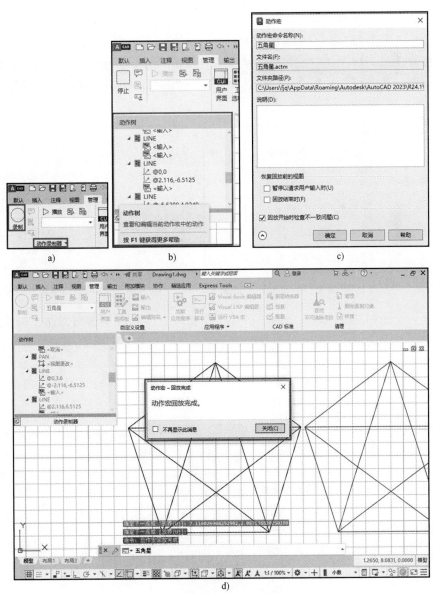

图 2-16　动作录制器操作步骤

a）进入动作录制模式　b）展开动作树，绘制图形　c）停止录制并保存动作宏　d）回放动作宏

对于线上教学来说，教师可以使用动作录制器记录关键步骤，使用插入消息命令作为步骤提示，将设计课件分享给同学们，供同学们课后仔细分析学习。

7. 三维打印

利用三维打印功能，可以将三维模型发送到本地三维打印机进行打印，或者通过 AutoCAD 联系三维打印服务提供商进行打印。

使用三维打印服务时，需从 DWG 文件指定三维数据，这些数据将转换为由三角形组成的镶嵌面网格。这种网格表示法会被另存为二进制 STL 文件，三维打印服务可以使用该文件创建物理模型。具体操作步骤如下：

（1）准备模型 打开包含要打印的三维模型的 DWG 文件，优化模型以便进行三维打印。

（2）选择命令 依次单击"菜单浏览器"按钮 →展开"发布"子列表→选择"发送到三维打印服务"选项，系统弹出"三维打印-准备打印模型"对话框，如图 2-17 所示，选择"继续"选项。

（3）选择打印对象 在选定的 DWG 文件中，选择要打印的实体或无间隙网格。接着在图 2-18 所示"三维打印选项"对话框中指定输出标注（包括比例和边界框长度、宽度和高度）。设置完成后单击"确定"按钮，当前文件即被另存为 STL 文件。

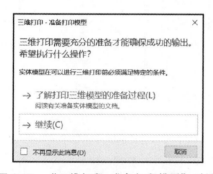

图 2-17 "三维打印-准备打印模型"对话框

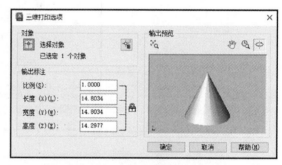

图 2-18 "三维打印选项"对话框

（4）发送到三维打印服务提供商 按照三维打印服务提供商网站上的提示，一般需要进行建立一个账号→接收报价→上载 STL 文件→订购模型→为模型付费等操作。

图 2-19 所示为三维打印出的实体模型示例。三维打印在设计过程中的主要作用包括：

■ 便于沟通。CAD 文件有时并不足以清晰表达设计者的想法，不同团队或部门成员之间可能存在不同的理解，而三维打印出的实体模型就成为最有效的沟通工具。

■ 快速评估。相较于数字模型，实体模型能够更好地让人从视觉和触觉两方面对设计进行快速感知和反馈，便于设计师对现有设计的准确性进行评估。

图 2-19 三维打印出的实体模型示例

■ 降低成本。在新产品的开发过程中，沟通匮乏、变数过多及进度超期都极有可能提高研发成本，而三维打印对沟通效率、设计准确性的提高都能够使设计研发团队协作效率更高，从而降低成本。

8. 触摸增强功能

利用触摸增强功能，可以在便携的移动设备上快速查看模型并进行简单操作，也可以在可触摸的大屏上进行查看，实现团队之间的快速沟通交流。

通过启用触摸的屏幕或界面，可以执行以下任务操作：

（1）平移和缩放 当没有命令在执行时，使用一个或两个手指拖动对象即可进行平移。当有命令正在执行时，使用两个手指进行滑动即可平移对象，使用两个手指收拢或张开即可缩放对象。

（2）选择 点击某个对象即可将其选中。当某个执行中的命令需要选择对象时，可以用一个手指进行拖动动作来创建窗口进行交叉选择。

（3）〈Esc〉键功能 使用一个手指双击屏幕可结束命令或清除选择。在命令执行中，在系统提示输入点时可用手指点击以确定位置。为了更精确地控制对象捕捉功能的实现，可以在对象上拖动手指，直到看到所需的对象捕捉效果，然后释放手指。

2.4 AutoCAD 操作基础

1. 基本概念

（1）坐标系统 AutoCAD 采用笛卡儿（直角）坐标系，称为通用坐标系。Ox 坐标轴沿屏幕水平方向向右，Oy 坐标轴屏幕竖直方向向上，原点 O (0，0) 位于屏幕左下角，Oz 坐标轴垂直于屏幕平面向外，如图 2-20 所示。

极坐标系是由一个极点和一条极轴构成的，极轴的方向为水平向右，如图 2-21 所示。平面上任何一点 P 都可以由该点到极点的连线长度 L (>0) 和连线与极轴的夹角 α 所定义，即用一对坐标值 ($L<\alpha$) 来定义一个点，其中，α 表示极角，逆时针方向为正采用角度制；<表示角度，可以理解为代替角度符号"∠"。例如，某点的极坐标为 (5 < 30)，则该点距坐标原点 5 个单位长度，与极轴正方向夹角为 30°。

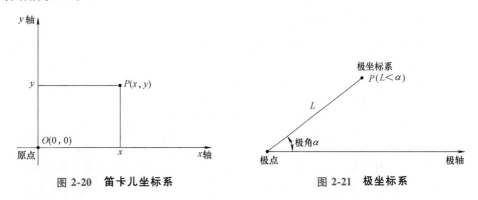

图 2-20 笛卡儿坐标系   图 2-21 极坐标系

在某些情况下，用户需要直接通过点与点之间的相对位移来绘制图形，而不想指定每个点的绝对坐标。为此，AutoCAD 提供了使用相对坐标的办法。所谓相对坐标，就是某点与对应点的相对位移值，在 AutoCAD 中相对坐标用"@"来标识。相对坐标可以使用笛卡儿坐标系，也可以使用极坐标系，根据具体情况而定。例如，某一直线的起点坐标为（5，5），终点坐标为（10，5），则终点相对于起点的相对坐标为（@5，0），也可用相对极坐标表示为（@5 <0）。

AutoCAD 还提供了一个绝对坐标系，即世界坐标系（WCS，World Coordinate System），它是一个永久固定的笛卡儿坐标系。通常，AutoCAD 构造新图形时将自动使用 WCS。虽然 WCS 不可更改，但可以从任意角度、任意方向来观察或旋转它。

相对于世界坐标系，用户可根据需要创建无限多的坐标系，这些坐标系称为用户坐标系（UCS，User Coordinate System）。用户可以使用"UCS"命令来对 UCS 进行定义、保存、恢复和移动等一系列操作。

（2）绘图单位　两个坐标之间的距离以绘图单位来度量，它本身的量纲为 1。用户的图形可取任何长度单位，如 mm、in、m、km 等。在作图时可定义比例因子，使图形按需要的单位输出。

定义绘图单位可使用"Units"命令；定义比例因子则可使用"Scale"命令。

（3）绘图极限范围　绘图极限是指当前图形的绘图界限，用来防止在该区域外定义点或放置图形。

在绘图前可用"Limits"命令设置绘图范围，一般应使其等于或大于整图的绝对尺寸，对 Oz 轴方向没有限制。设置绘图限制后，双击鼠标中键可使该区域完全显示在屏幕上。

（4）对象　对象是 AutoCAD 软件预定的图形单元。点、直线、圆与圆弧、文本等是最常用的基本对象，多段线、实心圆环、阴影线图案、尺寸标注等是常用的复杂对象。

复杂对象被分解成基本对象后方能单独进行处理。以尺寸标注为例，当所注尺寸未被分解时，可作为基本对象来编辑；而分解后则作为三段直线、两个箭头和一个文本来单独进行编辑。

利用 AutoCAD 绘图，实质上就是对这些对象进行操作。

（5）对象属性　AutoCAD 对象属性是指图形对象所具有的颜色、线型、图层及几何特性。利用对象属性可以使图形管理和组织更加方便灵活。

2. 命令输入

AutoCAD 通过执行命令来绘图。命令的调用可由键盘输入、选择快捷菜单命令、单击命令按钮等几种方式来完成。

（1）键盘输入　可以使用键盘在命令行窗口的提示"命令："后输入 AutoCAD 命令，并按〈Enter〉键或〈Spacebar〉键确认，提交给系统去执行。例如，在命令行窗口中输入命令"Help"后按〈Enter〉键，系统就会执行该命令，显示 AutoCAD 2023 的帮助信息窗口，如图 2-22 所示。

（2）选择快捷菜单命令　单击鼠标右键后，在指针处将弹出快捷菜单，菜单内容取决于指针的位置或系统状态。

例如，在选择对象后单击鼠标右键，则快捷菜单将显示出常用的对象编辑命令；在命令执行过程中单击鼠标右键，则快捷菜单将显示出该命令的相关选项，如图 2-23 所示。

（3）单击命令按钮　功能区中的按钮提供了更为快捷方便地执行 AutoCAD 命令的方式。功能区由若干工具面板组成，工具面板由若干按钮组成，这些按钮分别代表了一些常用的命令，如图 2-24 所示。用户直接单击功能区上的按钮就可以调用相应的命令，然后根据对话框中的内容或命令行上的提示执行进一步操作。用户可以很方便地设置一些常用的命令按钮在功能区中显示，并可以关闭不用的命令按钮。

图 2-22　帮助信息窗口

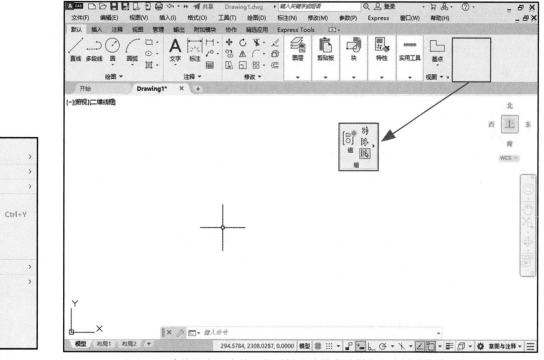

图 2-23　快捷菜单　　　　图 2-24　功能区中固定的工具面板和放置在绘图窗口中浮动的工具面板

3. 参数输入

调用命令后，AutoCAD 一般要求输入一些执行该命令所需要的参数，参数输入可分为点的输入、距离的输入、角度的输入、文本和特殊字符的输入等。

（1）点的输入 绘制三维图形需输入三个坐标数值，而绘制二维图形只需输入两个坐标数值。一般有下列六种不同的输入方法：

■ 绝对坐标输入法。

Point：x，y↙

■ 相对坐标输入法。

Point：@Δx，Δy↙

■ 极坐标输入法。

Point：@距离<角度↙

例如，输入"@4<45"指定一点，则该点到前一点的距离为4，角度为45°。

■ 鼠标拾取法。

将指针移到所需位置处单击，就输入了该点。

■ 捕捉特征点法。

利用捕捉功能捕捉当前图形中的特征点。操作方法为先在状态栏单击"对象捕捉"按钮 启用该辅助绘图功能，通过其下拉列表确定要捕捉的特征点类型（如端点、中点、交点和切点等），然后将指针移动到捕捉目标上并单击确认，就捕捉到该特征点。

■ "定数等分"和"定距等分"点。

在命令行窗口输入"Divide"命令，或者在功能区单击"定数等分"按钮 ，然后选择要定数等分的对象，再输入线段数目。

在命令行窗口输入"Measure"命令，或者在功能区单击"定距等分"按钮 ，然后选择要定距等分的对象，再指定线段长度。

（2）距离的输入 距离包括高度（Height）、宽度（Width）、半径（Radius）、直径（Diameter）、列距/行距（Column/Row Distance）等，它们均有两种不同的输入方法。以指定半径为例，两种输入方法分别为：

■ 数值方式。

Radius：//输入整数或小数↙

■ 位移方式。

Radius：//移动指针到某处

采用位移方式输入距离时，移动指针 AutoCAD 会显示一条由基点出发的动态指引线，使输入距离直观地显现出来；在没有明显的基点时，系统将要求输入第二点。

（3）角度的输入 角度以度（°）为单位，且以 Ox 轴正方向为零度基准，按逆时针方向计算角度。一般有数值方式和位移方式两种输入方法：

■ 数值方式。

Angle：60↙

■ 位移方式。

Angle：//移动指针指定第一、第二点

数值采用十进制数，如输入"60"，表示60°。采用位移方式输入角度时，角度值由这两点的连线与 Ox 轴正方向之间的夹角确定。

（4）文本和特殊字符的输入　在尺寸标注和注写文本时，需输入尺寸值和字符串，如：

Dimension Text：15✓

Text：ABCabc✓

键盘上没有的字符称为特殊字符，如角度符号、公差符号、直径符号等，可用控制码实现，输入方法为：

- %%d——度数符号"°"。
- %%P——正/负公差符号"±"。
- %%C——直径尺寸符号"φ"。

4. 对象选择

（1）选择单一对象　单击绘图窗口中的对象来选择单一对象。

（2）窗口选择　在绘图窗口中，单击鼠标左键并释放，向右上移动，单击鼠标创建一个细实线显示的矩形窗口，则该矩形窗口内的所有对象被选中。

（3）窗交选择　在绘图窗口中，单击鼠标左键并释放，向左下移动，单击鼠标创建一个虚线或高亮度显示的矩形窗口，凡在该矩形窗口内或与该矩形窗口相交的对象均被选用。

（4）套索选择　在绘图窗口中，按住鼠标左键拖动可以创建不规则形状的套索选框。从左向右创建时，套索边框显示为实线，只有完全被该套索区域包含的对象才会被选中；从右向左创建时，套索边框显示为虚线，凡被套索区域包含或与该套索区域相交的对象均被选中。

AutoCAD 选取对象时默认是多选状态，若要结束选择，则应按〈Enter〉键或单击鼠标右键。

2.5　AutoCAD 绘图操作流程

启动 AutoCAD 中文版后，就可以开始图形绘制，主要流程为图形设置（绘图准备）、绘图、编辑、存储图形和退出。

1. 图形设置

（1）设置图纸的大小　在绘制图形前，需设置工作区、确定绘图范围。系统默认绘图界限为 420mm×297mm。用户可根据需要任意设置绘图界限大小，以设置 A4 横放图幅（297mm×210mm）为例，具体操作如下：

命令:Limits

重新设置模型空间界限：

指定左下角点或[开(ON)/关(OFF)]<0.0000,0.0000>:0,0

指定右上角点<420.0000,297.0000>:297,210

命令:Zoom

[全部(A)/中心(C)/动态(D)/范围(E)/上一个(P)/窗口(W)/对象(O)]<实时>:A

（2）设置单位制　系统默认长度采用十进制小数格式，角度采用十进制度数格式。若想要改变单位设置，则可以在功能区单击"单位"按钮 0.0 ，或者在命令行窗口输入"Units"命令，均可打开"图形单位"对话框，如图 2-25 所示。

（3）设置绘图辅助工具　根据需要在状态栏单击"栅格显示"按钮 ⊞ 、"栅格捕捉"按钮 ⠿ 、"正交"按钮 ⌐ 、"极轴追踪"按钮 ⟋ 、"对象捕捉"按钮 ◻ 、"对象捕捉追踪"按钮 ⟋ 等来启用相应的辅助绘图功能，进而更精确地绘图。"对象捕捉"辅助绘图功能应设置为与栅格的间距一致。

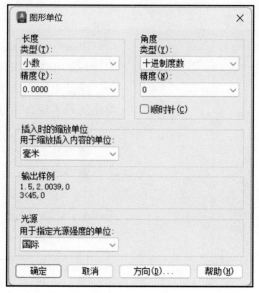

图 2-25　"图形单位"对话框

2. 绘图

部分常用的绘图命令见附录 A 中的表 A-1。可以根据绘图需求选择合适的绘图工具进行绘图。

3. 编辑

部分常用图形编辑命令见附录 A 中的表 A-2。

进行图形编辑时，先调用图形编辑命令，然后在绘图窗口中选择要编辑的目标，最后根据系统提示输入参数。

4. 存储图形和退出 AutoCAD

在完成图形绘制、编辑工作后，或者在绘图过程中，都可以保存图形文件或退出 AutoCAD 结束绘图。可以有几种不同的方式来存储文件和退出 AutoCAD。

（1）文件的保存

■ 单击"菜单浏览器"按钮 A CAD 并在菜单浏览器中单击"保存"按钮 💾 。

■ 单击快速访问工具栏中的"保存"按钮 💾 。

■ 在命令行窗口输入"Save"命令。

■ 使用快捷键〈Ctrl+S〉。

若对现有文件图形做了修改又不想覆盖原图形，则可以调用"另存为"命令并进行重命名，命令按钮为 💾 ，调用方式与上述类似。

（2）退出 AutoCAD

■ 单击"菜单浏览器"按钮 A CAD 并在菜单浏览器中单击"退出"按钮 ⊠ 。

■ 单击 AutoCAD 界面右上角的"关闭"按钮。

■ 使用快捷键〈Ctrl+Q〉。

关闭 AutoCAD 结束程序时，系统会弹出对话框，提示用户在退出 AutoCAD 前保存或放弃对图形所做的修改。

2.6　用 AutoCAD 绘制平面图形

1. 平面图形绘制示例

在 AutoCAD 中绘制图 2-26 所示平面图形。

（1）绘图方法分析　由于 AutoCAD 软件功能的多样性，因此同一个图形的绘制也可以采用不同的命令和功能，按照不同的流程来实现。

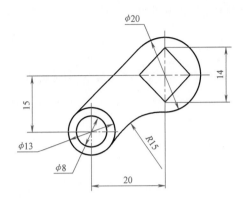

图 2-26　平面图形绘制示例

　　本例的重点和难点是相切连接的作图，其中有圆弧和直线的相切，也有两圆弧的相切。用 AutoCAD 绘制相切连接时，可以采用"对象捕捉"功能的切点捕捉模式，既准确又迅速。

　　这里介绍一种绘图思路：

■ 首先按照图形尺寸设置绘图范围。

■ 确定 $\phi13$、$\phi20$ 圆的圆心，画中心线。

■ 以上述圆心为基准绘制 $\phi8$、$\phi13$、$\phi20$ 的圆。

■ 以 $\phi20$ 圆的圆心为中心，绘制对角线长度为 14 的正方形。

■ 画出 $\phi13$、$\phi20$ 圆的公切直线 AB 和相切圆弧 R15。

■ 修剪掉多余的图线。

（2）绘图制作　调用图形绘制和编辑命令的作图过程如下：

■ 设置绘图范围。

命令：Limits

重新设置模型空间界限：

指定左下角点或［开（ON）/关（OFF）］<0.0000,0.0000>:0,0↙

指定右上角点<420.0000,297.0000>:70,55↙

命令：Zoom

［全部（A）/中心（C）/动态（D）/范围（E）/上一个（P）/窗口（W）/对象（O）］<实时>:A↙

■ 画圆心和中心线。

命令：Point

指定点：20，20↙

命令：↙

Point：@20，15

新建中心线图层，线型为"Center"，颜色设置为蓝色。

在新建的图层下画十字中心点画线，注意长度适中。

■ 画正方形和圆。

命令：Circle

指定圆的圆心或［三点（3P）/两点（2P）/相切、相切、半径（T）］://选取 $\phi13$ 圆的圆心

指定圆的半径或[直径(D)]:6.5↙

然后,按如上操作绘制 φ8、φ20 的圆。

命令:Polygon

输入边的数目<4>:4↙

指定正多边形的中心点或[边(E)]://选择 φ20 圆的圆心

输入选项[内接于圆(I)/外切于圆(C)]:I//选择内接于圆的绘制方式

指定圆的半径:7↙

■ 画相切直线和相切圆。

命令:Line

指定第一点://将"对象捕捉"功能切换为切点捕捉模式,选取 φ13 圆上点 A 附近位置

指定下一点或[放弃(U)]://在切点捕捉模式下,选取 φ20 圆上点 B 附近位置

指定下一点或[放弃(U)]:↙

命令:Circle

指定圆的圆心或[三点(3P)/两点(2P)/相切、相切、半径(T)]:T↙

指定对象与圆的第一个切点://选取 φ13 圆上点 C 附近位置

指定对象与圆的第二个切点://选取 φ20 圆上点 D 附近位置

指定圆的半径:15↙

■ 修剪。

命令:Trim

当前设置:投影=UCS   边=无

选择修剪边…

选择对象或<全部选择>://选取 φ20 圆上点 F 和 R15 圆弧上点 G 附近位置

作图过程如图 2-27 所示。用其他命令组合也能绘制出该平面图形,读者可自行尝试。

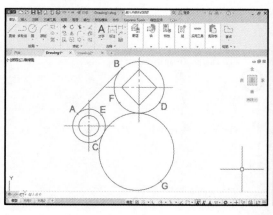
a)

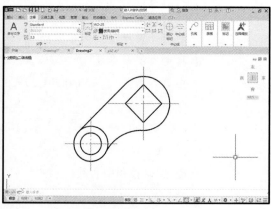
b)

图 2-27 平面图形的作图过程

2. 几种常见平面图形的绘制方法

(1) 五角星图 五角星图的作图过程如图 2-28 所示。

(2) 盘状图形 盘状图形的作图过程如图 2-29 所示。

(3) 双向对称图形 双向对称图形的作图过程如图 2-30 所示。

(4) 翻转图形 翻转图形的作图过程如图 2-31 所示。

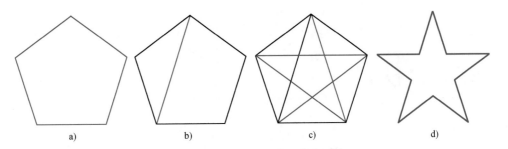

图 2-28   五角星图的作图过程

a）画正五边形（Polygon） b）画一条直线（Line） c）画五条直线（Line） d）修剪多余的线段（Trim）

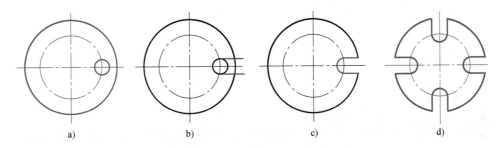

图 2-29   盘状图形的作图过程

a）画中心线、两个实线圆和一个点画线圆（Line、Linetype、Circle） b）画与小圆相切的水平线（Line）

c）修剪槽形（Trim） d）完成盘状图形（Array、Trim、Circle）

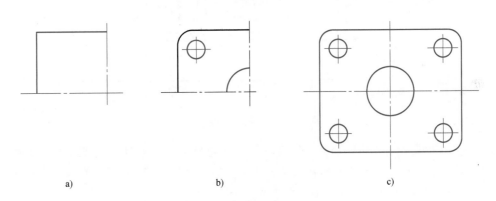

图 2-30   双向对称图形的作图过程

a）画四分之一矩形（Line、Linetype） b）完成四分之一图形（Fillet、Arc、Circle） c）完成图形（Mirror）

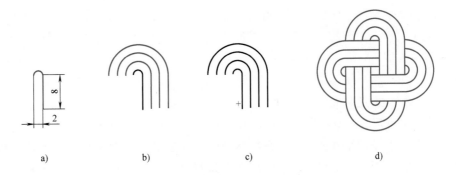

图 2-31   翻转图形的作图过程

a）画直线、圆弧构造多段线（Pline） b）以 2 为距离，偏移生成三条等距线（Offset） c）从第一条图
线的下端点出发指定阵列中心点（Point：@-1，1） d）选择图形对象进行阵列复制（Array）

第3章
物体的视图

3.1 正投影及三视图的形成

将物体按正投影法向投影面投射所得的投影称为视图。在讨论视图之前，有必要了解正投影的投影特性。

1. 正投影的投影特性

（1）真实性 当空间物体上的线段和平面与投影面平行时，该线段和平面的投影能反映它们的实长和实形。如图 3-1a 所示，物体上的棱线 *AB* 的投影 *ab* 反映实长，平面 *P* 的投影 *p* 反映实形。

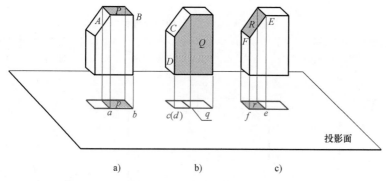

a)   b)   c)

图 3-1 正投影的投影特性

（2）积聚性 当空间物体上的线段和平面与投影面垂直时，该线段的投影将积聚成一点，而该平面的投影将积聚成一条直线。如图 3-1b 所示，物体上的棱线 *CD* 及平面 *Q* 的投影分别积聚为一个点和一条直线。

（3）类似性 当空间物体上的线段和平面与投影面处于倾斜位置时，该线段的投影小于实长，该平面的投影为小于实形的类似形。图 3-1c 中可见物体上棱线 *EF* 及平面 *R* 投影的变化。

画物体的视图，实质上就是画出该物体全部棱线的投影，或者组成该物体的各个表面的投影。因此，掌握上述平面、直线的正投影特性，将有助于绘制和阅读物体的视图。

2. 物体的三视图

图 3-2 所示为三个不同形状的物体，但它们在同一投影面上的视图却是相同的。因此，若不附加其他说明，则物体的一个视图是不能确定物体形状的。要反映物体的完整形状，必须从几个不同方向进行投射，即用几个视图互相补充才能把物体表示清楚。

工程上最常选用互相垂直的三个投影面，建立一个三投影面体系，如图 3-3a 所示。三个投影面分别称为正立投影面、水平投影面及侧立投影面，分别用 *V*、*H*

和 W 表示。三个投影面两两相交的交线 OX、OY、OZ 称为投影轴。将物体放在观察者和投影面之间，用正投影法分别在三个投影面上得到物体的三个视图：

主视图——由前向后投射，在正立投影面上得到的视图。

俯视图——由上向下投射，在水平投影面上得到的视图。

左视图——由左向右投射，在侧立投影面上得到的视图。

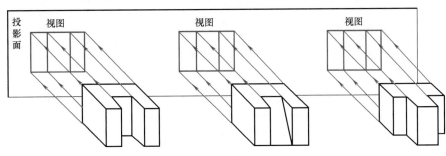

图 3-2　物体的一个投影

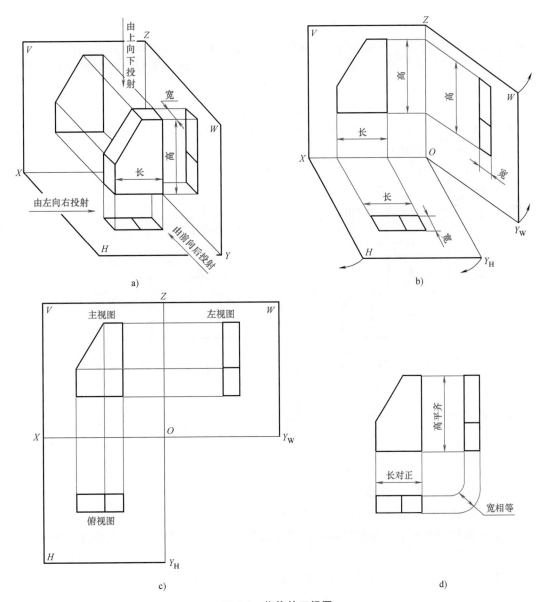

图 3-3　物体的三视图

为了将空间投影体系画在同一平面上，规定正立投影面保持不动，将水平投影面向下旋转 90°，侧立投影面向右旋转 90° 而与正面重合，如图 3-3b 所示。这样，主视图、俯视图及左视图就处于同一平面内，如图 3-3c 所示。由于投影面的边框是假设存在而画出的，各视图的位置排列已定，因此，在实际图样上不必画出投影面边框，也不必注出视图的名称，如图 3-3d 所示。

3. 视图间的投影规律

由图 3-3 可见：

主视图反映了物体的长度（x 坐标）和高度（z 坐标）。

俯视图反映了物体的长度（x 坐标）和宽度（y 坐标）。

左视图反映了物体的宽度（y 坐标）和高度（z 坐标）。

另外，可以看出三个视图之间遵循下述度量关系：

长对正——在主、俯两个视图中，物体的长度方向对应相等且对正。

高平齐——在主、左两个视图中，物体的高度方向对应相等且平齐。

宽相等——在俯、左两个视图中，物体的宽度方向对应相等且对应。

"长对正、高平齐、宽相等"是三面正投影之间最基本的投影规律，简称为"三等"规律，它不仅适用于整个物体的投影，也适用于物体的每一个局部的投影，是画图时必须遵循的，应熟练掌握。

同时，三个视图还分别反映出空间物体上下、前后、左右的位置关系，如图 3-4 所示。可见，在俯、左视图中，远离主视图的一侧表示物体的前方，靠近主视图的一侧表示物体的后方。

主视图反映了物体的上下和左右四个方位。

俯视图反映了物体的前后和左右四个方位。

左视图反映了物体的上下和前后四个方位。

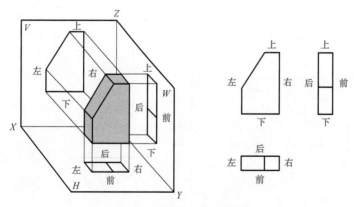

图 3-4　视图间的位置关系

4. 三视图的绘制过程

下面以图 3-5 所示物体为例，说明三视图的绘制过程。

■ 将物体自然放平，并使物体的主要表面和三个投影面分别平行或垂直，如图 3-5a 所示。

■ 运用正投影法，按视图间的投影规律分别画出物体主要形体的三视图，如图 3-5b 所示。

■ 画物体的细部结构——三角块。如图 3-5c 所示，先在主视图中画出反映三角块形状特征的投影，然后运用视图间的投影规律画出三角块在俯、左视图中的投影。

■ 画物体的细部结构——凹槽。如图 3-5d 所示，先在俯视图中画出反映凹槽形状特征的投影，并及时擦去多余的图线，然后运用视图间的投影规律，画出凹槽在主、左视图中的投影。

■ 检查校对后，按规定线型加深。如图 3-5e 所示，将可见轮廓线用粗实线绘制，不可见轮廓线用虚线绘制。

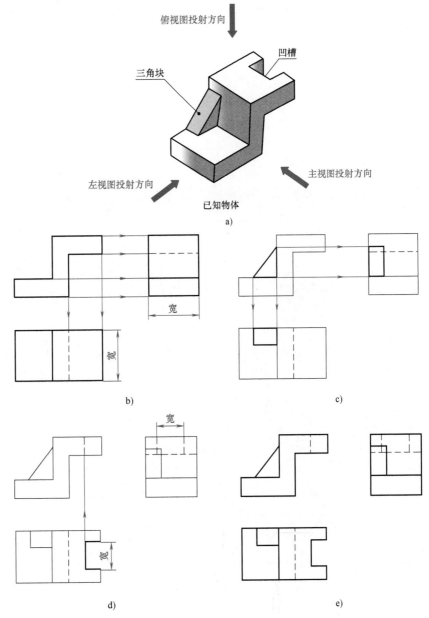

图 3-5　物体三视图的绘制步骤

3.2　物体的视图

1. 基本立体的视图

生活中的器物常由各种基本立体组成。常见的基本立体可分为平面立体和曲面立体两类。

　　平面立体——由平面多边形包围而成的立体，如棱柱、棱锥等。

　　曲面立体——由曲面或曲面与平面包围而成的立体，加圆柱、圆锥、圆球等。

　　回转形成的曲面立体也称为回转体。

　　表 3-1 列出了常见基本立体的视图。表达一个基本立体，一般需要绘制两个或三个视图。对于回转体，在标注尺寸后，仅画出一个视图即可。

表 3-1　常见基本立体的视图

种类	名称	立体图	三视图	尺寸标注
平面立体	四棱柱（长方体）			
	六棱柱			微课讲解 六棱柱的 三视图绘制
	三棱锥			
	四棱锥			

（续）

种类	名称	立体图	三视图	尺寸标注
回转体	圆柱			ϕ 微课讲解 圆柱的 三视图绘制
	圆锥			ϕ
	圆球			$S\phi$
	圆环			ϕ ϕ

2. 组合体的视图

组合体的构成方式主要有叠加、切割两种，下面看两个示例。

图 3-6 所示组合体由四部分叠加而成。绘图前应分析各部分的形状及相对位置，然后选择最能反映物体形状特征的方向作为主视图的投射方向，显然 A 向为最佳选择。对于该物体而言，主、俯两视图足以说明物体的形状，这里出于训练的需要，仍画出三个视图。具体的画图步骤如图 3-7 所示：①布置视图——定出各视图的对称中心线、轴线和底面基准线；②画底板——从俯视图画起；③画圆筒——从俯视图画起；④画连接板——从主视图画起，应注意连接板与圆筒相切及连成一体处的画法；⑤画肋板——从主视图画起；⑥检查校对后，按规定线型加深。

微课讲解
叠加式物体
的三视图绘制

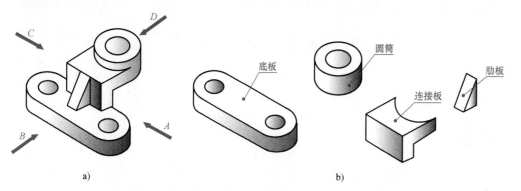

　　　a)　　　　　　　　　　　　　　　　　　b)

图 3-6　叠加式组合体

图 3-8 所示组合体由一长方体经两次切割形成。这样的构形方式也可具体表现在绘制视图的过程中：图 3-8b 所示为长方体的第一次切割，在主视图上定出切割面 P 的位置，然后画出其在另两个视图中的投影；图 3-8c 所示为第二次切割，先由俯视图定出两侧切割面 Q 的位置，然后画出其主、左视图中的投影。检查、描深后完成组合体的作图。

叠加与切割是物体的两种分析形式，在许多情况下，叠加与切割并无严格界限，同一物体的形成过程既有叠加，又有切割。图 3-9 所示即为一个兼具叠加与切割形成方式的示例。

图 3-9 所示为某房屋抽象模型的作图。它由房体、烟囱和气窗三部分组成，三者的组合采用了叠加的形成方式，而房体和气窗可看作由四棱柱切割而形成。房体、烟囱和气窗三者的相对位置关系如图 3-9a 所示，由叠加而生成的交线的画法如图 3-9b 所示。

微课讲解
切割式物体
的三视图绘制

3.3　回转体表面的交线

根据功能或造型的需要，工业产品的表面常出现某些交线，交线一般可归纳为两类：一类是平面与立体表面的交线，另一类是立体与立体表面的交线。本小节所述立体仅为回转立体。

1. 平面与回转体相交

平面与立体相交，在形体表面产生的交线称为截交线，如图 3-10 所示。表达形体时，必须画出这些截交线的投影。

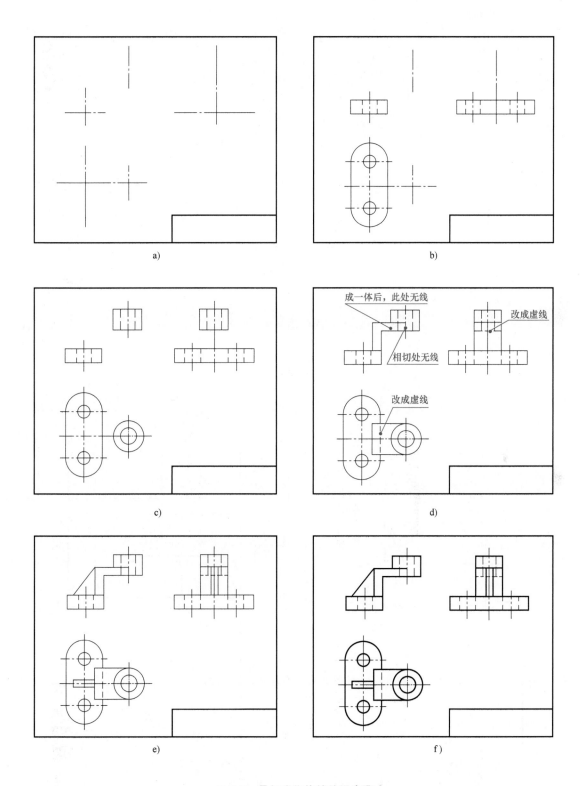

图 3-7　叠加式物体的绘图步骤

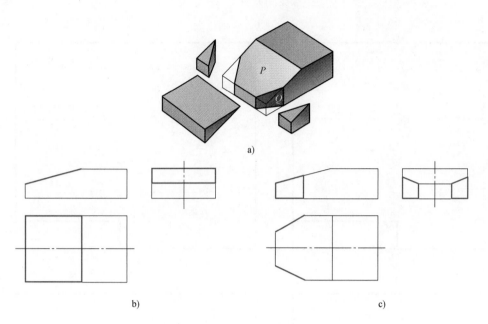

a)

b)　　　　　　　　　c)

图 3-8　切割式组合体及其视图绘制

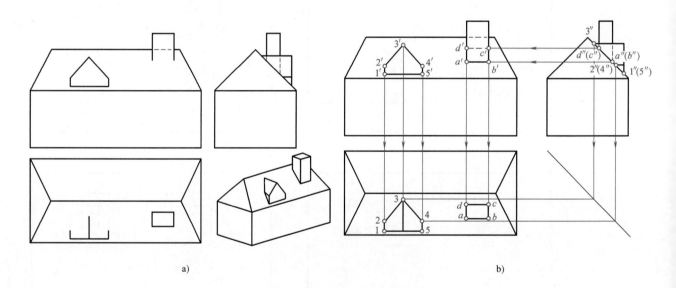

a)　　　　　　　　　　　　b)

图 3-9　某房屋抽象模型的作图

a）已知条件　b）作图结果

图 3-10　截交线

60

（1）平面与圆柱相交　平面截切圆柱，根据平面与圆柱相对位置的不同，所得截交线的形状有矩形、圆和椭圆三种，见表 3-2。

61

表 3-2　平面与圆柱相交

截平面位置	平行于轴线	垂直于轴线	倾斜于轴线
截交线形状	矩形	圆	椭圆
立体图			
视图			

下面来看一示例。图 3-11a 所示楔形体的阶梯圆柱被平面斜截，在圆柱表面上形成的截交线为椭圆曲线。该椭圆曲线的投影在主视图中积聚为直线；在左视图中与圆柱面的投影重合，为一段圆弧；而在俯视图中，必须通过作出截交线上一系列点的水平投影，然后顺次光滑连接而得，如图 3-11b 所示。

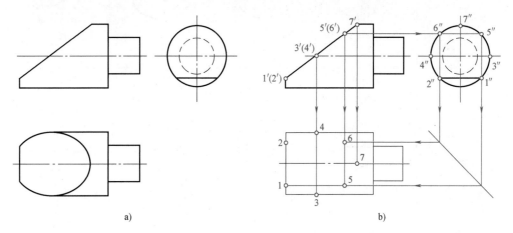

图 3-11　楔形体的三视图

再来看另一示例。图 3-12a 所示开槽圆柱体可视为圆柱体被 Q_1、Q_2 和 P 三个平面截切而成。其中，平面 Q_1 和 Q_2 平行于圆柱轴线且对称分布，与圆柱面的交线是直线；平面 P 垂直于圆柱轴线，与圆柱面的交线是与圆柱直径相同的部分圆弧。其具体作图方法如图 3-12b 所示，所得三视图如图 3-12c 所示。

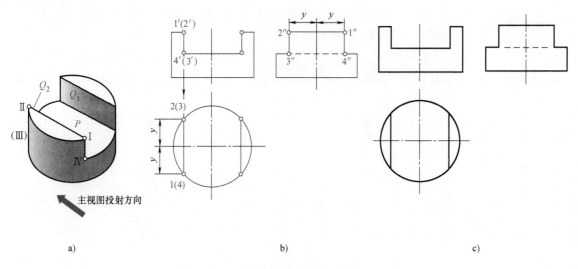

a)　　　　　　　　　　b)　　　　　　　　　　c)

图 3-12　开槽圆柱体的三视图

（2）平面与圆锥相交　圆锥被平面截切时，平面对圆锥轴线的相对位置不同，所得截交线的形状有五种：等腰三角形、圆、椭圆、抛物线加直线段和双曲线加直线段，见表 3-3。

表 3-3　平面与圆锥相交

截平面位置	过圆锥顶点	垂直于轴线 （$\theta=90°$）	倾斜于轴线 （$\theta>\alpha$）	平行于一条素线 （$\theta=\alpha$）	平行于轴线或倾斜于轴线 （$\theta=0°$ 或 $\theta<\alpha$）
截交线形状	等腰三角形	圆	椭圆	抛物线加直线段	双曲线加直线段
立体图					
视图					

下面看一个开槽圆台的示例。如图 3-13a 所示，圆台上部的矩形槽由三个平面截切而成，其中平面 P_1、P_2 平行于圆锥轴线且对称分布，故截交线在圆锥面上均为双曲线的一部分；平面 Q 垂直于圆锥轴线，截交线在圆锥面上为水平圆的一部分。具体作图方法如图 3-13b 所示。

63

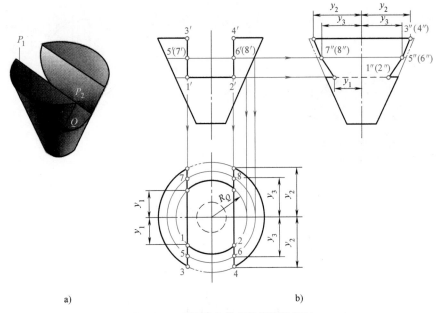

图 3-13　开槽圆台截交线投影的画法

（3）平面与圆球相交　圆球被平面截切，所得截交线均为圆，圆的直径随截切平面距球心距离的不同而变化。当截平面倾斜于投影面时，截交线的投影中会出现椭圆，见表 3-4。

表 3-4　平面与圆球相交

截平面位置	平行于投影面	垂直于一个投影面而倾斜于另两个投影面
截交线形状	圆	圆
立体图		
视图		

　　图 3-14a 所示球阀芯是圆球被平面 P、Q 和 R 截切形成的，平面 Q 平行于水平面，与圆球产生的截交线是圆弧，该圆弧在俯视图中的投影反映实形，在主、左视图中的投影积聚为直线；平面 P 平行于侧面，与圆球产生的截交线也是圆弧，该圆弧在左视图中的投影反映实形，在主、俯视图中的投影积聚为直线；平面 R 与平面 P 平行、求法不再赘述。具体作图方法如图 3-14b 所示，注意交线圆半径的量取方法。

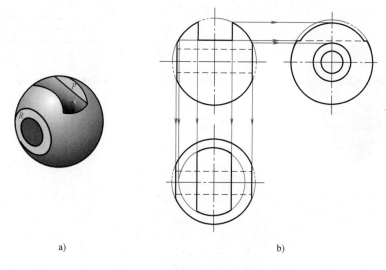

a)   b)

图 3-14   球阀芯的三视图

2. 两回转体相交

两立体之间的交线称为相贯线。

相贯线是相贯两立体表面的共有线，是由相贯两立体表面上一系列共有点所组成的，如图 3-15 所示。画相贯线投影实际上就是求出两相贯立体表面的一系列共有点的投影，然后顺次光滑连接。

下面来看三种两回转体相交的常见形式：

（1）两圆柱正交   图 3-16 所示立体由两个不同直径的圆柱正交而成，要清楚表达该相贯体，必须画出其表面的相贯线投影。

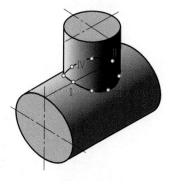

图 3-15   圆柱体表面相贯线

微课讲解
异径正交两
圆柱相贯线
的绘制

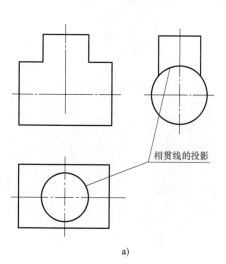

相贯线的投影

a)

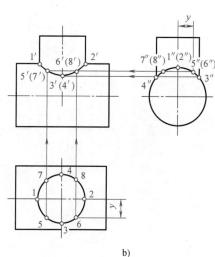

b)

图 3-16   正交两圆柱相贯线投影的画法

由图 3-16a 可以看出，小圆柱的轴线垂直于水平面，大圆柱的轴线垂直于侧面，所以小圆柱面的水平投影和大圆柱面的侧面投影都具有积聚性。由于相贯线是两圆柱表面的共有线，相贯线的水平投影一定积聚在小圆柱的投影圆周上，侧面投影一定积聚在大圆柱与小圆柱共有的一段投影圆弧上，因此只需在主视图上作出相贯线的投影。具体作图方法如图 3-16b 所示，首先求出相贯线上一系列点的正面投影，然后顺次光滑连接所求各点，并判断可见性。

正交两圆柱的相贯在设计图样中十分常见，在不要求精确作图的情况下，允许采用简化画法，即以大圆柱的半径为半径，通过 1′、2′ 两投影点作圆弧代替相贯线投影，如图 3-17a 所示。当两圆柱直径相差很大时，可以直线代替相贯曲线，如图 3-17b 所示。

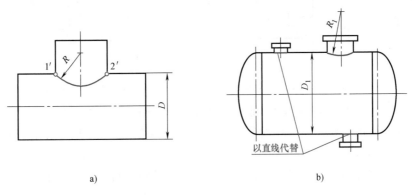

a)　　　　　　　　　　　　　　　b)

图 3-17　正交圆柱相贯线投影的简化画法（$R = D/2$，$R_1 = D_1/2$）

微课讲解
两圆柱相交
的三种类型

正交两圆柱就相贯性质而言，一般分为图 3-18 所示的三种类型：①外表面与外表面相交，图 3-18a 所示为两实心圆柱相交；②外表面与内表面相交，图 3-18b 所示为实心圆柱上开圆柱孔；③两内表面相交，图 3-18c 所示为两圆柱孔相交。

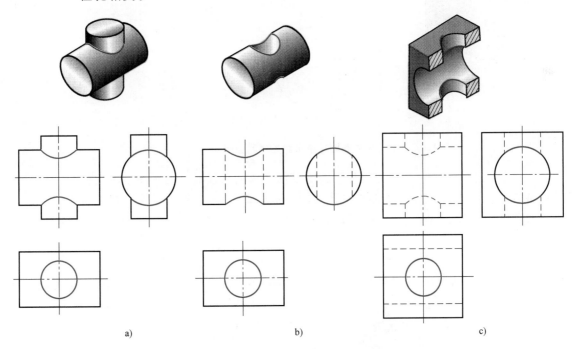

a)　　　　　　　　　　b)　　　　　　　　　　c)

图 3-18　正交两圆柱的三种类型

表 3-5 列出了正交两圆柱直径大小变化对相贯线形状的影响。可以看出，圆柱相贯线的投影总是向直径较大的圆柱的轴线弯曲。当正交两圆柱体直径相等时，相贯线由空间曲线变为平面曲线（椭圆），在主视图上的投影积聚成两段直线。

表 3-5　正交两圆柱相贯线

两圆柱直径的关系	水平圆柱直径较大	两圆柱直径相等	水平圆柱直径较小
相贯线特点	上、下两条空间曲线	两个互相垂直的椭圆	左、右两条空间曲线
视图			

（2）两圆柱偏交　图 3-19a 所示立体由两个不同直径的圆柱偏交而成。显然，小圆柱面的侧面投影和大圆柱面的水平投影均具有积聚性，因此只需求出相贯线的正面投影即可。与两圆柱正交不同的是，偏交两圆柱相贯线的正面投影前后不对称，故需将全部点求出并顺次光滑连接，而后判断可见性。具体作图方法如图 3-19b 所示。

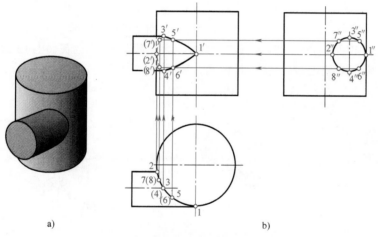

图 3-19　偏交两圆柱相贯线投影的画法

（3）回转体与圆球相贯　当圆柱、圆锥等回转体的轴线通过圆球球心时，相贯线成为平面曲线（圆），当相贯两立体的轴线同时平行于一个投影面时，相贯线在该投影面上的投影积聚为直线段，如图 3-20 所示。

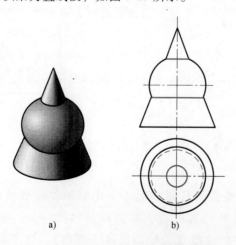

图 3-20　回转体与圆球相贯线投影的画法

3.4 视图的阅读

视图的阅读是对给定的视图进行分析，想象出形体的实际形状，读图是绘图的逆过程。

1. 读图的基本知识

（1）弄清各视图间的投影关系，几个视图结合起来分析　一个视图一般是不能唯一确定物体形状的，有时两个视图也不能确定物体的形状。图 3-21a 所示的几个物体，虽然它们的主视图是相同的，但由于俯、左视图各不同，因而它们的形状差别很大。图 3-21b 所示的物体，虽然主、俯视图均相同，但由于左视图不同，因而它们的形状同样也是各不相同的。

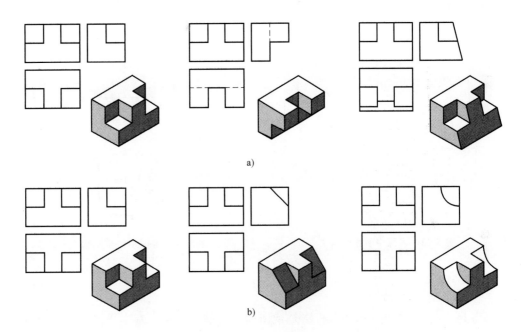

图 3-21　一个视图相同或两个视图相同的不同物体

在读图时把几个视图联系起来看，才能想象出物体的正确形状。当一个物体由若干个简单形体组成时，还应根据投影关系准确地确定各部分在每个视图中的对应位置，然后将几个投影联系起来想象，以得出与实际情况相符的形状。如图 3-22 所示，由于形体 Ⅰ 与 Ⅲ 相对位置的不同，物体的真实形状是不一样的。

（2）认清视图中图线和线框的含义　视图是由线条组成的，线条又组成一个个封闭的“线框”。识别视图中线条及线框的空间含义，也是读图的基本知识。

视图中的轮廓线（实线或虚线，直线或曲线）可以有三种含义，如图 3-23 所示：图线 1 表示物体上具有积聚性的平面或曲面；图线 2 表示物体上两个表面的交线；图线 3 表示曲面的转向线（由可见转向不可见的分界线）。

视图中的线框可以有四种含义，如图 3-24 所示：线框 1 表示一个平面；线框 2 表示一个曲面；线框 3 表示平面与曲面相切的组合面；线框 4 表示孔洞。

视图中相邻两个线框必定是物体上相交或错位的两个表面的投影。

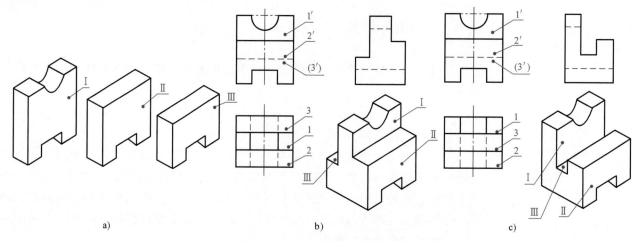

图 3-22 形体Ⅰ、Ⅲ相对位置不同，整体形状不同

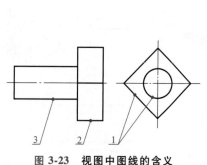

图 3-23 视图中图线的含义

图 3-24 视图中线框的含义

2. 读图的方法

（1）形体分析法 形体分析法是读图的一种基本方法。基本思路是根据已知视图，将图形分解为若干组成部分，然后按照投影规律和各视图间的联系，分析出各组成部分所代表的空间形状及所在位置，最终想象出整体形状。

【例 3-1】 读懂图 3-25 所示支座的视图。

解 ■ 分解视图。从主视图着手，将图形分解成若干部分，如图 3-25 所示的 1、2、3 三个部分。

■ 分析投影。根据视图间的投影规律，找到分解后各组成部分在各视图中的投影，如图 3-26 所示。

■ 单个想象。根据分解后各组成部分的视图想象出各自的空间形状。

■ 综合想象。在认清各组成部分形状和位置的基础上，分析它们之间的构成形式，最后综合想象出该视图所表示的支座的完整形状，如图 3-27 所示。

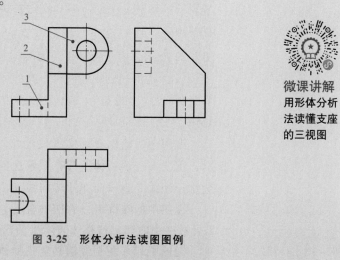

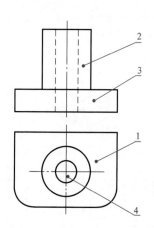

微课讲解
用形体分析法读懂支座的三视图

图 3-25 形体分析法读图图例

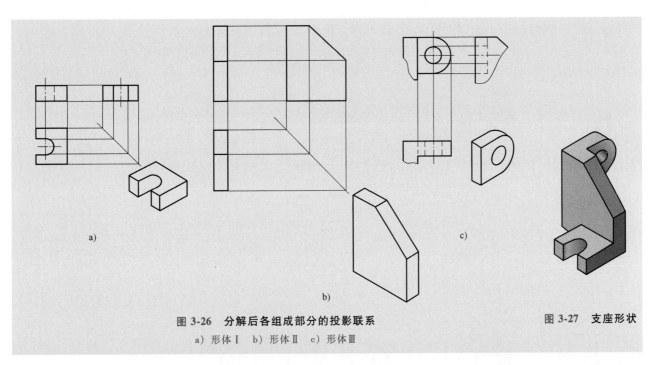

图 3-26　分解后各组成部分的投影联系

a）形体Ⅰ　b）形体Ⅱ　c）形体Ⅲ

图 3-27　支座形状

69

（2）线面分析法　线面分析法是形体分析法的补充读图方法，通过对各种线面含义的分析来想象物体的形状和位置。当形体被切割、形体不规则或视图投影重合而读图困难时，尤其需要这种辅助手段。

【例 3-2】　读懂图 3-28 所示物体的视图。

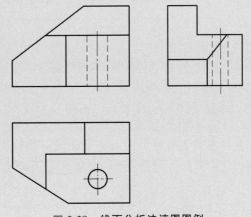

图 3-28　线面分析法读图图例

微课讲解
用线面分析
法读懂压块
的三视图

解　根据物体被切割后仍保持原有物体投影特征的规律，由已知三视图分析可知，该物体可以看作由一个长方体切割而形成。由主视图可以看出长方体的左上方切去了一角，由俯视图可以看出左前方也切去了一角，而由左视图可看出物体的前上方切去了一个长方体。切割后物体的三视图为何会变成图 3-28 所示形状，这就需要进一步进行线、面分析。

■ 分析主视图中的线框。如图 3-29a 所示，线框 p' 在俯视图中对应于斜线 p，而在左视图中对应于类似形 p''，可知平面 P 为一铅垂面。如图 3-29b 所示，线框 r' 在俯视图中对应于水平线 r，在左视图中对应于竖直线 r''，可知平面 R 为一正平面。分析可知主视图中的另一线框也为一正平面的投影。

■ 用同样方法分析俯视图线框。如图 3-29c 所示，平面 Q 为正垂面。

■ 分析左视图中的线段 AB。如图 3-29d 所示，斜线 $a''b''$ 在主视图和俯视图中分别对应正面投影 $a'b'$ 和水平投影 ab，可知直线 AB 为一般位置直线，它是铅垂面 P 和正垂面 Q 的交线。

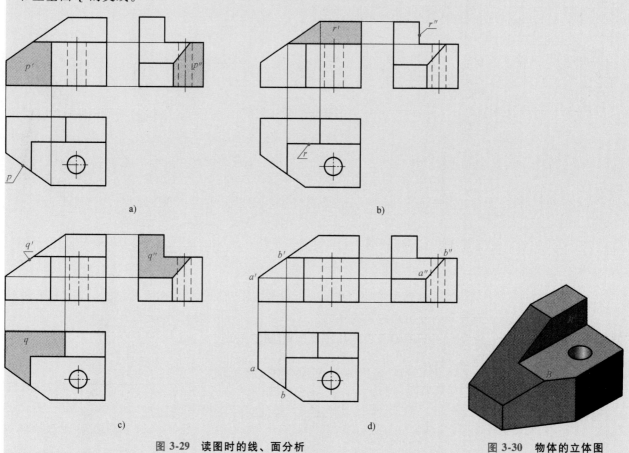

图 3-29　读图时的线、面分析　　　　图 3-30　物体的立体图

通过上述线面分析，可以认清视图中各图线和线框的含义，也就有利于想象出由这些线和面所对应的空间中的面和线所围成的物体的真实形状，如图 3-30 所示。

工程中物体的形状是各式各样的，所以在读图时不能拘泥于某一种方法或步骤，通常需要灵活使用几种方法，综合分析，以提高读图的速度。

3.5　组合体的尺寸标注

组合体的尺寸标注须注意如下三点：

正确——符合国家标准关于尺寸标注的有关规定。

完整——所注尺寸既不多余，也不遗漏。

清晰——尺寸布置整齐合理，便于阅读。

1. 尺寸种类

（1）定形尺寸　确定形体形状及大小的尺寸称为定形尺寸。表 3-1 中标注的尺寸均为定形尺寸。如图 3-31 所示，直径、半径及形体的长、宽、高等尺寸也都是定形尺寸。

微课讲解
尺寸标注的
方法及步骤

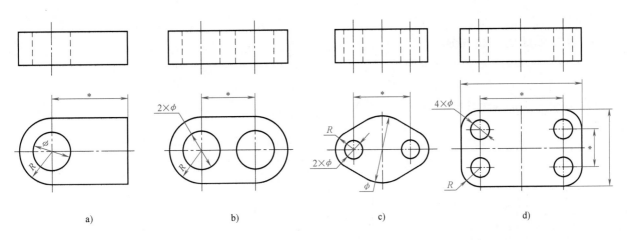

a)　　　　　　b)　　　　　　c)　　　　　　d)

图 3-31　简单形体的尺寸标注

（2）定位尺寸　确定形体上各部分结构相对位置的尺寸称为定位尺寸，如图 3-31 和图 3-34 中注 * 号的尺寸所示。

（3）总体尺寸　表示形体总长、总宽和总高的尺寸称为总体尺寸。在标注总体尺寸时，一般不用圆弧切线作为尺寸界线，如图 3-31b、c 中注 * 号的尺寸所示。

2. 尺寸基准

确定尺寸位置的几何元素称为尺寸基准。物体通常在长、宽、高方向分别有一个主要尺寸基准，可能还有一个或几个辅助基准。尺寸基准的确定既与物体的形状有关，也与该物体的加工制造要求、工作位置等有关。通常选用底平面、端面、对称平面及回转体的轴线等作为尺寸基准。物体的尺寸基准示例如图 3-32 所示。

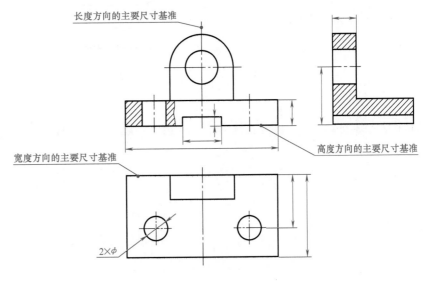

图 3-32　物体的尺寸基准示例

3. 尺寸标注的综合举例

图 3-33 所示为物体的尺寸基准分析，其中 A 为长度方向上的主要尺寸基准，B 为宽度方向上的主要尺寸基准，C 为高度方向上的主要尺寸基准。图 3-34 所示为该物体尺寸标注的方法及步骤。

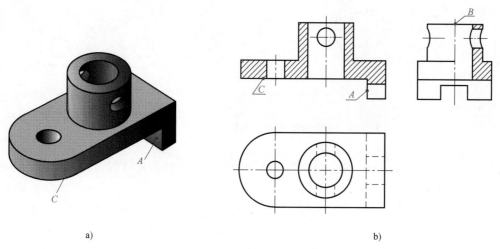

图 3-33　物体的尺寸基准分析

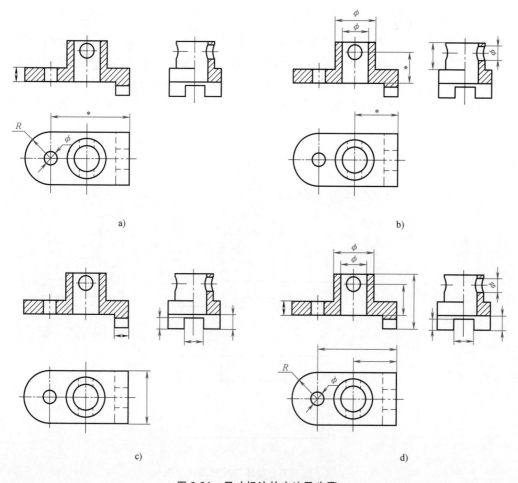

图 3-34　尺寸标注的方法及步骤

a）标注底板尺寸　b）标注圆筒尺寸　c）标注侧板尺寸　d）检查调整

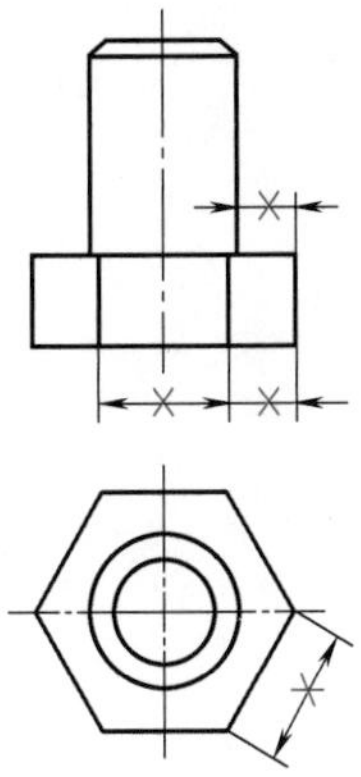

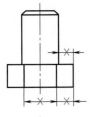

图 3-35　错误的尺寸注法

4. 尺寸标注的注意点

■ 标注尺寸必须在形体分析的基础上，按分解的各组成形体确定定形和定位尺寸，切忌片面地按视图中的线框或图线来标注尺寸，如图 3-35 所示。

■ 尺寸应尽量标注在表示该形体特征最明显的视图上，并尽量避免在虚线上标注尺寸。同一形体的尺寸应尽量集中标注。

■ 形体上的对称尺寸，应以对称中心线为尺寸基准标注，如图 3-36 所示。

■ 当形体的外轮廓投影为圆弧时，总体尺寸应注到该圆弧的中心轴线位置，同时加注该圆弧的半径，如图 3-37 所示。

■ 不应在相贯线或截交线上标注尺寸。由于形体与截平面的相对位置确定后，截交线便会确定，因此不应在截交线上标注尺寸。同样地，两形体相交后，相贯线自然形成，因此，除了标注两形体各自的定形尺寸及相对位置尺寸外，不应在相贯线上标注尺寸，如图 3-38 所示。

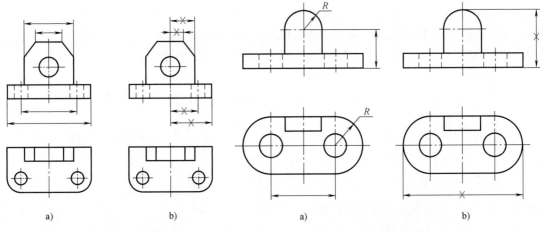

a)　　　　　　b)

图 3-36　对称性尺寸的注法

a）正确　b）错误

a)　　　　　　b)

图 3-37　轮廓为曲面的尺寸注法

a）正确　b）错误

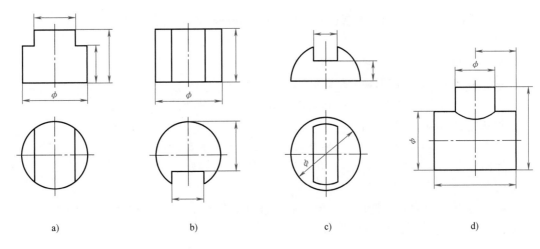

a)　　　　　　b)　　　　　　c)　　　　　　d)

图 3-38　截切和相贯形体的尺寸标注

3.6 用 AutoCAD 绘制组合体视图

用 AutoCAD 绘制组合体视图有两种方法：一是遵照长对正、高平齐、宽相等的"三等"投影规律直接绘制主、俯、左三个视图；二是先构造三维模型，然后将其分别沿 Oy、Oz、Ox 投影轴投射而得三个视图。本节介绍的栅格法、辅助线法属于第一种，轴向投影法属于第二种。

1. 栅格法

在绘制组合体视图过程中，借助"栅格显示"栅格"捕捉"功能贯彻"三等"投影规律的方法称为栅格法。

应根据组合体的尺寸设置栅格间距及绘图范围，注意启用"栅格捕捉"功能。

以用栅格法绘制图 3-39a 所示组合体的三视图为例，具体作图过程如下（操作步骤详见演示视频，扫码观看）：

■ 图幅、栅格设置。在命令行窗口输入"Limits"命令，根据提示合理设置图幅。输入"Grid"命令，根据提示将"栅格间距"设置为10。输入"Snap"命令，根据提示将"捕捉间距"设置为10，以"栅格捕捉"命令为例，设置方法如下：

命令：Snap

指定捕捉间距或［开（ON）/关（OFF）/纵横向间距（A）/旋转（R）/样式（S）/类型（T）］<10.0000>：10

操作演示
栅格法

也可以输入"Dsettings"命令，或者单击展开"栅格捕捉"下拉列表并选择"栅格设置"选项打开"草图设置"对话框，对"栅格间距"和"捕捉间距"进行设置，如图 3-39b 所示。完成设置后在状态栏单击"显示栅格"按钮▦和"栅格捕捉"按钮⣿，使其功能处于启用状态。

■ 图层设置。根据线型设置图层为实线层、虚线层、中心线层。

■ 绘制基本图形。用中心线层绘制内圆柱面轴线、图形对称中心线，用实线层绘制图形轮廓线。对圆柱部分的三视图，应先调用"圆弧"命令绘制显示为圆的视图，再用"直线"命令配合辅助绘图功能绘制完成其他视图，如图 3-39c 所示。

■ 绘制截交线的投影。绘制长方体的顶面与外圆柱面的截交线的投影，操作如下（图 3-39d）：

命令：Line

指定第一点：//选择圆弧与直线的交点 A

指定下一点或［放弃（U）］：//在状态栏启用"正交"功能

指定下一点或［放弃（U）］：//分别选择直线 BD 和 CE 上的对应位置

指定下一点或［放弃（U）］：//单击鼠标右键结束直线 BC 的绘制

用同样方法可作出另一条交线 DE。绘制内圆柱面主视图后也可用此方法绘制对应的左、俯视图。

■ 修剪完成三视图。调用"修剪"命令修剪多余图线，按视图画法规定修改线型，完成三视图，如图 3-39e 所示。

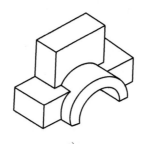

a)

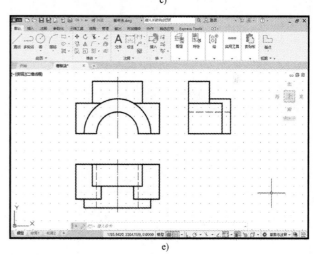

b)　　　　　　　　　　c)

d)　　　　　　　　　　e)

图 3-39　栅格法作三视图

a）组合体立体图　b）"捕捉间距""栅格间距"设置　c）栅格法画图线
d）绘制截交线投影　e）完成三视图

2. 辅助线法

辅助线法是利用水平线、竖直线和45°倾斜线作为辅助线，来保证三视图间投影关系的作图方法。

以用辅助线法绘制图3-40a所示组合体三视图为例，具体作图过程如下（操作步骤详见演示视频，扫码观看）：

■ 图幅、图层设置。在命令行窗口输入"Limits"，设置图幅右上角点为（20，20）。在命令行窗口输入"Grid"，设置栅格间距为0.5。在命令行窗口输入"Snap"，设置捕捉间距为0.5。根据线型设置图层为实线层、虚线层、中心线层。

■ 画三视图外框和45°倾斜辅助线。根据图3-40a所示尺寸，调用"直线"

操作演示
辅助线法

75

和"偏移"命令画出三视图外框和45°倾斜线,如图3-40b所示。该45°倾斜线用作"宽相等"的辅助线。

■ 画出壁厚。从主视图入手,调用"直线"和"偏移"命令按照"长对正"和"高平齐"的原则,借助45°倾斜辅助线作出三视图的零件壁厚,如图3-40c所示。

■ 修剪图线得基本形状。用"修剪"命令修剪作图过程线,初步得到三视图的基本形状,如图3-40d所示。

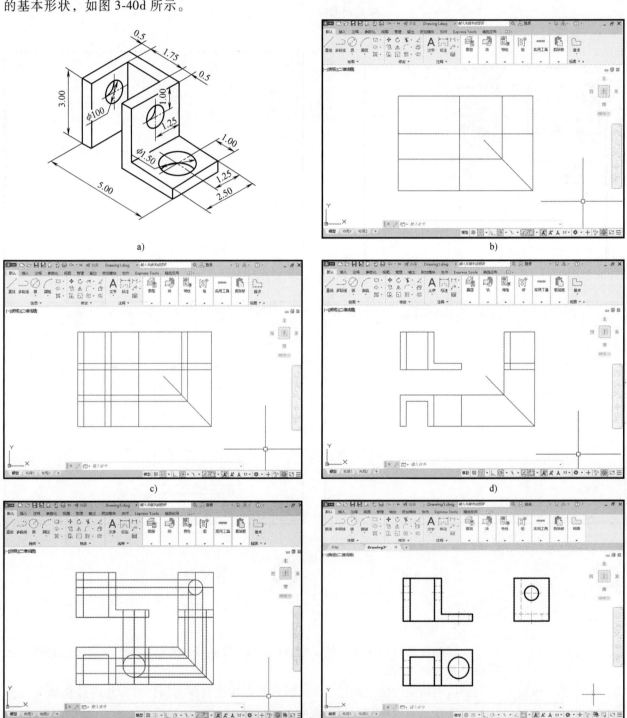

a)

b)

c)

d)

e)

f)

图3-40　辅助线法作三视图

a)组合体立体图　b)画三视图外框和45°倾斜辅助线　c)画出壁厚　d)修剪线条得到基本形状

e)画出圆孔的投影　f)修剪图线完成三视图

■ 画出圆孔的投影。在俯视图中画出 $\phi 1.5$ 圆孔的投影，借助 45° 倾斜辅助线，画出其主视图和左视图中的投影；在左视图中画出 $\phi 1$ 圆孔的投影，借助 45° 倾斜辅助线，画出其主视图和俯视图中的投影，如图 3-40e 所示。

■ 修剪图线完成三视图。用 "修剪" 命令修剪除三视图外的全部多余图线，并按照线型规定修改相应图线为粗实线、虚线和点画线，完成的三视图如图 3-40f 所示。

3. 轴向投影法

用 AutoCAD 2023 三维绘图功能生成立体模型后，复制三份，分别沿 Oy、Ox、Oz 轴方向投射，提取轮廓线后可获得主、俯、左三视图。

用 AutoCAD 绘制的三维模型包括线框模型、表面模型和实体模型三种。值得注意的是，AutoCAD 绘制的三维实体模型必须用 "Solprof" 命令提取轮廓线后才可获得二维三视图。

以用轴向投影法对图 3-41a 所示三维实体模型提取三视图为例，具体作图过程如下（操作步骤详见演示视频，扫码观看）：

（1）复制实体

■ 打开实体模型，拖动右上角 "View Cube" 进入 3D 视角，调用 "复制" 命令复制实体并移至正上方，调用 "Rotate3D" 命令将实体绕 Ox 轴旋转 -90°，用于提取主视图。

■ 复制前面旋转后的实体并水平右移，用 "Rotate3D" 命令以右侧中点为中心，绕 Oy 轴旋转 90°，用于提取左视图，如图 3-41b 所示。

操作演示 轴向投影法

77

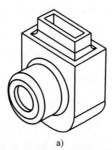

a)

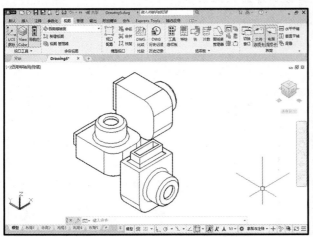

b)

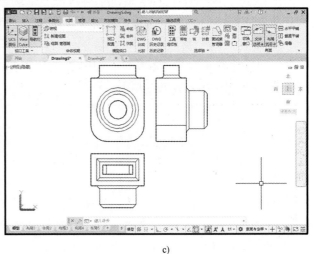

c)

图 3-41　从三维实体模型提取三视图

a) 三维模型　b) 复制实体　c) 转到平面图

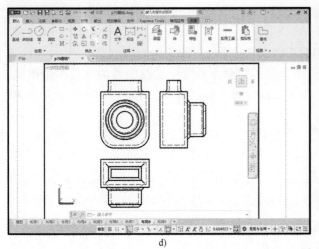

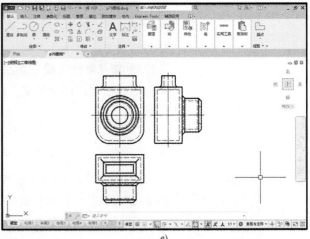

d)　　　　　　　　　　　　　　　　　　e)

图 3-41　从三维实体模型提取三视图（续）

d）进入图纸空间　e）补画中心线

（2）转到平面图　在命令行窗口输入"Plan"命令，选择"当前 UCS"选项得到平面图，调整模型位置使之符合长对正、高平齐、宽相等的三等规律，如图 3-41c 所示。

（3）进入图纸空间

■ 单击命令行窗口下部的"布局"标签 布局7 打开图纸空间，在绘图窗口内拾取一矩形框，则此矩形框中将显示图纸空间平面图。在命令行窗口输入"Mspace"命令，缩放窗口使模型以合适大小显示。

■ 在命令行窗口输入"Solprof"命令，在命令行窗口出现"选取对象"提示，将矩形框内所有对象选中，按空格键结束选取，对后面的提示一律用"Y"回答。完成实体轮廓线的提取。

■ 单击"模型"标签 模型 切换图纸空间，转动视角，单击选中三个实体模型，按〈Delete〉键删除。在命令行窗口输入"Plan"命令，选择"当前 UCS"选项，得到平面图，如图 3-41d 所示。

（4）修线线型并补画中心线

■ 单击"图层特性"按钮 ，在弹出的"图层特性管理器"面板中，将系统自动生成的"PH-489"图层的线型修改为虚线，如图 3-42 所示。

■ 修改"PV-489"图层的线宽，若线宽不变化，则需要在"线宽设置"对话框中勾选"显示线宽"复选框，如图 3-43 所示。

■ 补画中心线，完成三视图，如图 3-41e 所示。

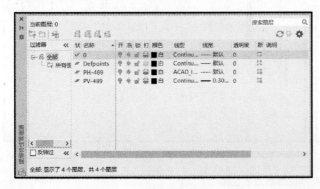

图 3-42　图层特性管理器面板

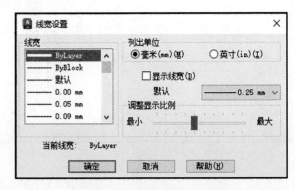

图 3-43　"线宽设置"对话框

第 4 章
轴测图

轴测图具有较好的直观性和度量性，画图简便，图形清晰准确，全部尺寸均可从图样中度量。轴测图大量应用于科技文献插图、工程设计、产品技术说明、教学图示，以及各类展览、广告等领域。随着计算机绘图技术的普及，利用多种绘图软件都能准确、快捷地绘制出轴测图，因此轴测图的应用也越来越广泛。

4.1 轴测图的基本原理

根据平行投影原理，把物体连同坐标轴一起沿着不平行于任一坐标面的方向向轴测投影面进行投射，所得到的投影图称为轴测投影，如图 4-1 所示。坐标轴的轴测投影称为轴测轴，两相邻轴测轴之间的夹角称为轴间角，轴测轴上的线段长度与其实长之比称为轴向伸缩系数。

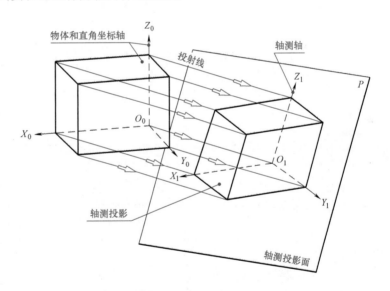

图 4-1　轴测图的形成

当投射线垂直于轴测投影面时，所得的轴测图称为正轴测图；当投射线与轴测投影面斜交时，所得的轴测图称为斜轴测图。另外，随着物体相对于轴测投影面位置的变化，轴向伸缩系数各不相同。轴测图的种类如图 4-2 所示。

图 4-2　轴测图的种类

表 4-1 为立方体的三种常用轴测图的有关参数对照表。

表 4-1　立方体的三种常用轴测图的有关参数对照表

种类	正等测	正二测	斜二测
立方体轴测图	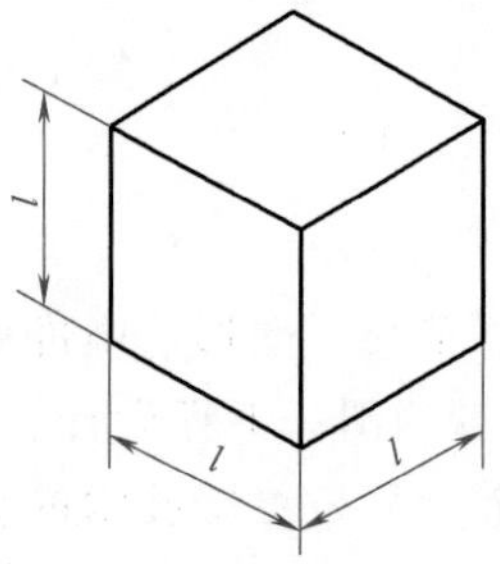	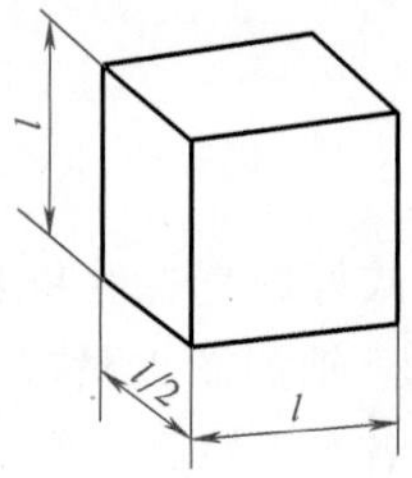	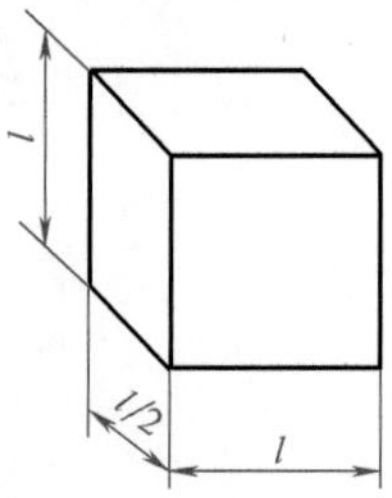
轴间角	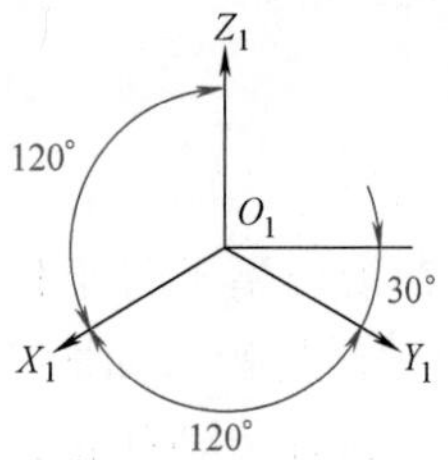	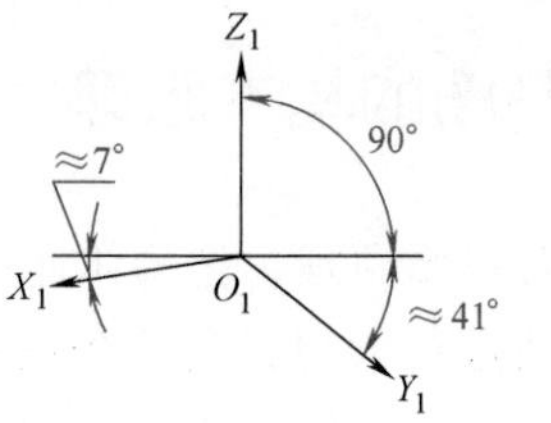	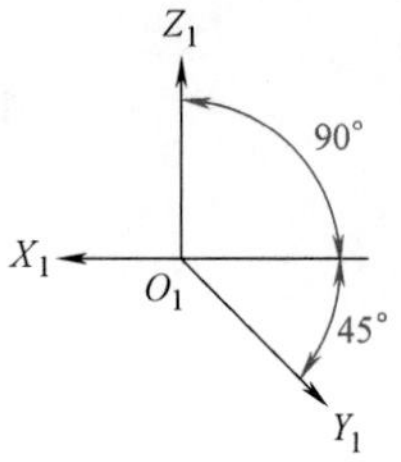
轴向伸缩系数(简化)	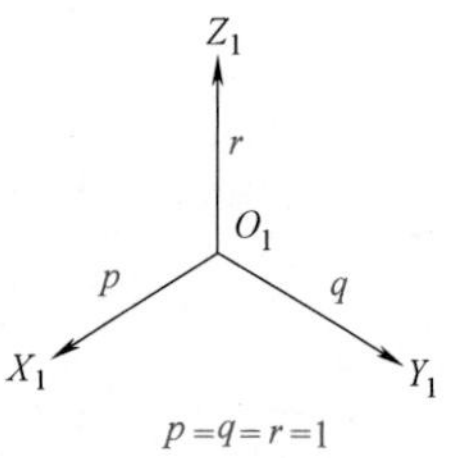 $p=q=r=1$	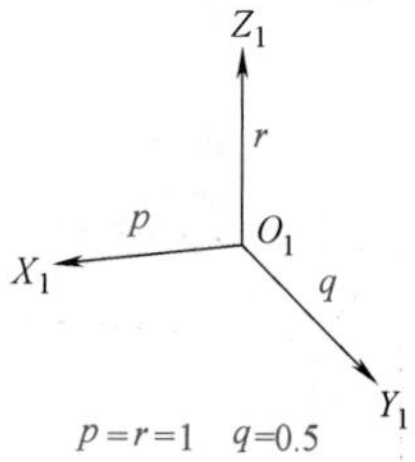 $p=r=1$　$q=0.5$	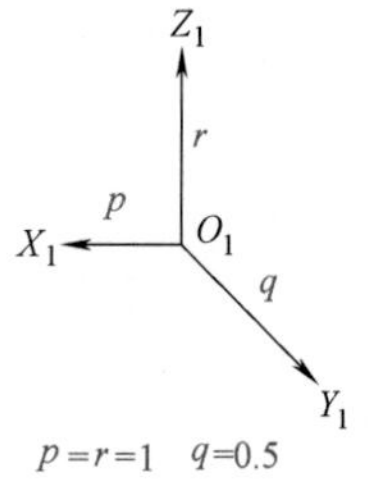 $p=r=1$　$q=0.5$
说明	轴间角： $\angle X_1O_1Y_1=\angle X_1O_1Z_1=\angle Y_1O_1Z_1=120°$ 轴向伸缩系数： $p=q=r\approx 0.82$ 简化的轴向伸缩系数： $p=q=r=1$	轴间角： $\angle X_1O_1Y_1=\angle Y_1O_1Z_1=131°25'$ $\angle X_1O_1Z_1=97°10'$ 轴向伸缩系数： $p=r=0.94$　$q=0.47$ 简化的轴向伸缩系数： $p=r=1$　$q=0.5$	轴间角： $\angle X_1O_1Y_1=\angle Y_1O_1Z_1=135°$ $\angle X_1O_1Z_1=90°$ 轴向伸缩系数： $p=r=1$　$q=0.5$ 简化的轴向伸缩系数： $p=r=1$　$q=0.5$
轴测图示例	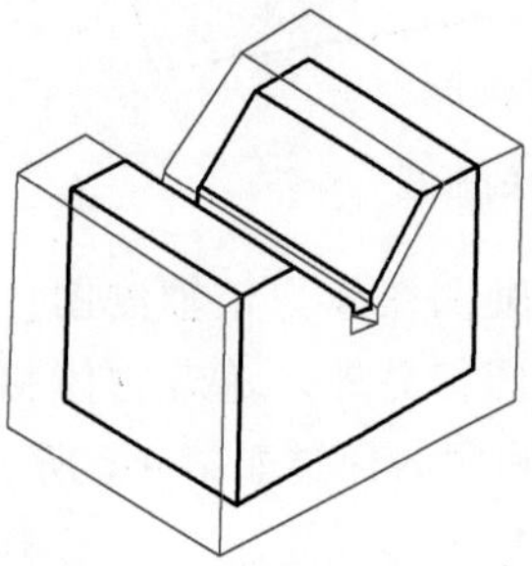	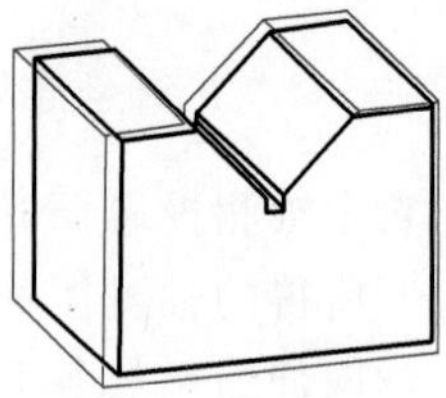	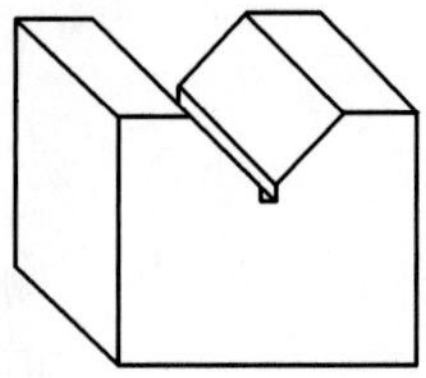
说明	粗实线图形按轴向伸缩系数 $p=q=r\approx 0.82$ 绘制 细实线图形按简化的轴向伸缩系数 $p=q=r=1$ 绘制	粗实线图形按轴向伸缩系数 $p=r=0.94$，$q=0.47$ 绘制 细实线图形按简化的轴向伸缩系数 $p=r=1$，$q=0.5$ 绘制	图形一致

　　图 4-3 所示为三种轴测图的实例。图 4-3a 所示为椅-梯双功能家具，其结构简单，采用注有尺寸和说明的正等轴测图便可直接用于加工制造；图 4-3b 所示为某公共汽车站牌的正二轴测图；图 4-3c 所示为某室内空间分隔效果图，采用的是斜二轴测图。

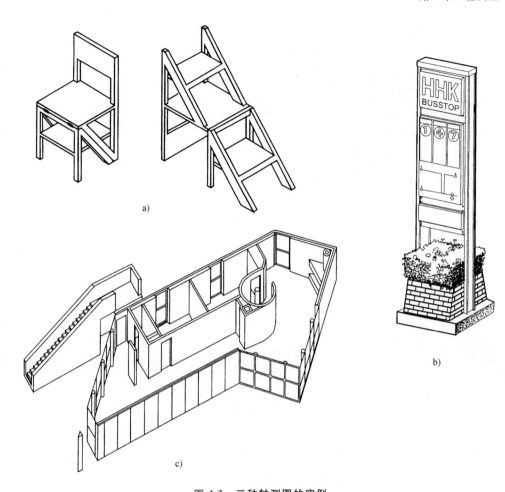

图 4-3 三种轴测图的实例

a）椅-梯双功能家具 b）公共汽车站牌 c）室内空间分隔

4.2 轴测图的基本作图方法

1. 正等轴测图画法

下面以图 4-4 和图 4-5 为例，介绍正等轴测图的详细画法。三个轴向伸缩系数均取简化系数 1，作图尺寸可直接量取。

（1）台阶的正等轴测图作图步骤 图 4-4a 所示为一建筑台阶的三视图，可以看出，台阶由左、右两块挡板和中间三级台阶构成。其正等轴测图的作图步骤如下：

■ 画轴测轴（互成 120°），完成外轮廓长方体的轴测投影，如图 4-4b 所示。

■ 完成左、右挡板的轴测投影，如图 4-4c 所示。

■ 在右挡板左侧面上画台阶右端面的轴测投影，如图 4-4d 所示。

■ 过踏面和踢面的可见顶点作出台阶的可见轮廓线，如图 4-4e 所示。

（2）托架的正等轴测图作图步骤 图 4-5a 所示为一托架的三视图，其正等轴测图的作图步骤如下：

■ 在三视图中确定坐标轴，如图 4-5a 所示。

■ 画出轴测轴，并画出底板和立板外切长方体的轴测投影，注意保持它们的相对位置；画出底板上两个圆柱孔的轴测投影。如图 4-5b 所示，先画小孔沿坐标轴的对称中心线投影，再画椭圆。

82

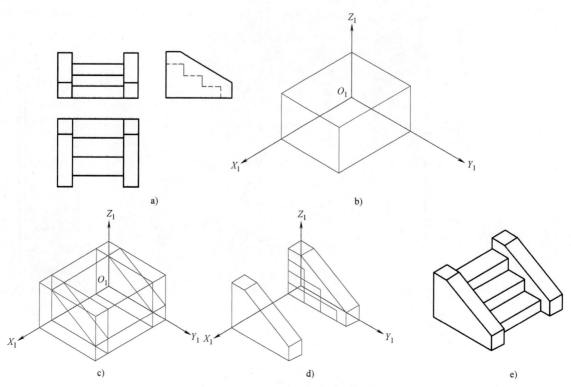

图 4-4　由台阶的三视图画正等轴测图

a）三视图　b）完成长方体轴测投影　c）作左、右挡板轴测投影　d）作台阶右端面轴测投影　e）作出台阶可见轮廓线完成全图

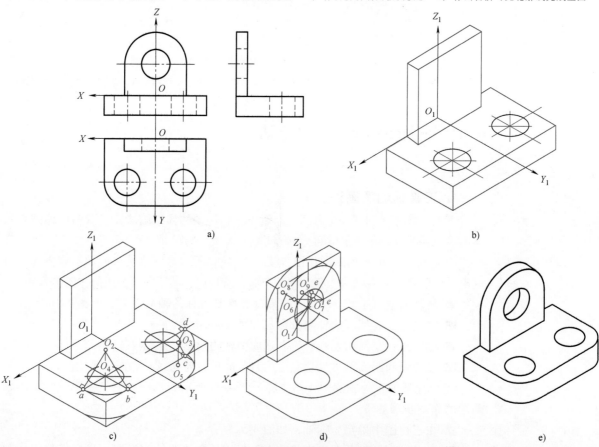

图 4-5　由托架的三视图画正等轴测图

a）在三视图中确定坐标轴　b）画轴测轴，画底板和立板外切长方体的轴测投影　c）作底板上圆角的轴测投影

d）作立板圆孔和上部半圆柱的轴测投影　e）检查描深，完成轴测图

■ 作底板上圆角的轴测投影。如图 4-5c 所示，以小孔中心线与底板顶面的交点 a、b 为垂足画底板顶面边线的垂线并交于点 O_2，以 O_2a 为半径画圆弧；再由点 c、d 得点 O_3，以 O_3c 为半径画圆弧。分别将圆心 O_2 和 O_3 下移板厚距离重画圆弧，即完成底板圆角作图。

■ 作立板圆孔的轴测投影。如图 4-5d 所示，先找到前表面上的圆心位置，画出椭圆（椭圆的具体画法参见图 4-7），再将圆心后移立板厚度距离，画出后表面上椭圆的可见部分。

■ 作立板上部与圆孔同心的半圆柱的轴测投影。如图 4-5d 所示，实为与立板圆孔同心的半圆柱。注意画出右上角两椭圆的公切线。

■ 检查描深，完成轴测图，如图 4-5e 所示。

（3）圆角板的正等轴测图作图步骤　圆角板在产品设计中十分常见，图 4-6 所示为圆角板轴测图的详细画法。

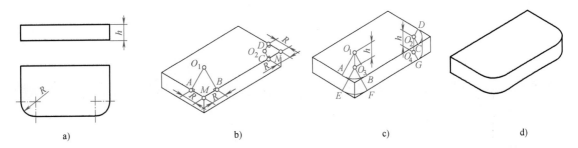

a)　　　　　　　　　b)　　　　　　　　　c)　　　　　　　　　d)

图 4-6　圆角板轴测图的详细画法

a）主、俯视图　b）作出外切长方体的轴测投影　c）作出圆角的轴测投影　d）检查描深，完成轴测图

（4）正等轴测图中椭圆的画法　由图 4-3 和图 4-4 所示作图过程可体会到，画圆是轴测图的作图难点。如图 4-7 所示，平行于三个坐标面的同径圆的正等轴测图为三个形状相同的椭圆，它们只是长、短轴方向不同。表 4-2 列出了这种正等测椭圆的近似画法。

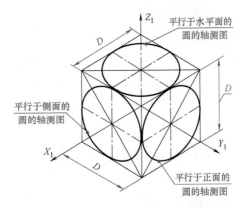

图 4-7　平行于坐标面的圆的正等轴测图

由于画椭圆较复杂烦琐，工作中通常可以购买不同类型的椭圆模板来辅助作图。若用计算机绘图，则实用的命令将使作图过程轻松便捷。

2. 斜二轴测图画法

图 4-8 所示为缝纫机机头的视图。取长度及高度方向的轴向伸缩系数为 1，取宽度方向的轴向伸缩系数为 0.5，整机轴测图及细部形状轴测图的作图步骤如下：

表 4-2　正等测椭圆的近似画法

作图方法	1) 以圆的直径 D 为边长画菱形,菱形各边均与水平线成 30°,再画出菱形对角线 AB、EF 及椭圆共轭直径 MN、KL	2) 连接 ME、NF,与 AB 分别相交于点 O_1、O_2,点 E、F、O_1、O_2 即为四段圆弧的圆心
图例	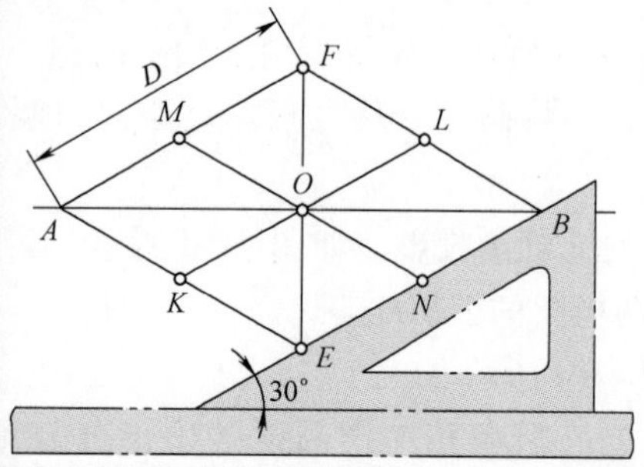	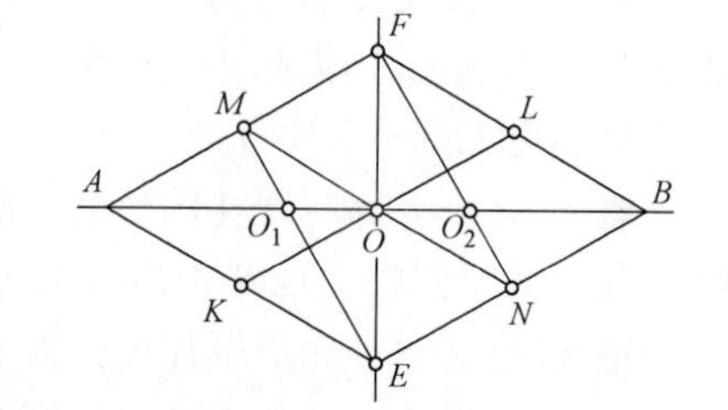
作图方法	3) 分别以点 E、F 为圆心,ME 为半径画大圆弧	4) 分别以点 O_1、O_2 为圆心,O_1M 为半径画小圆弧,四条圆弧相接于点 M、K、L、N,即得到近似椭圆
图例	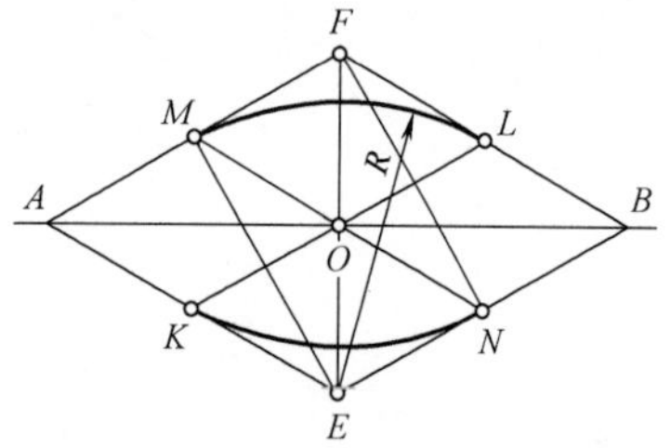	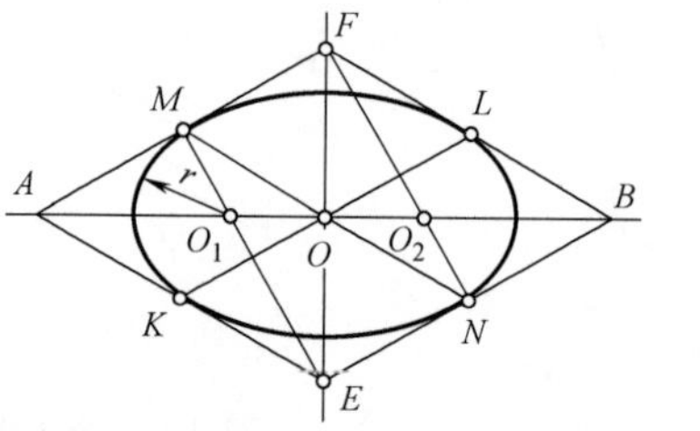

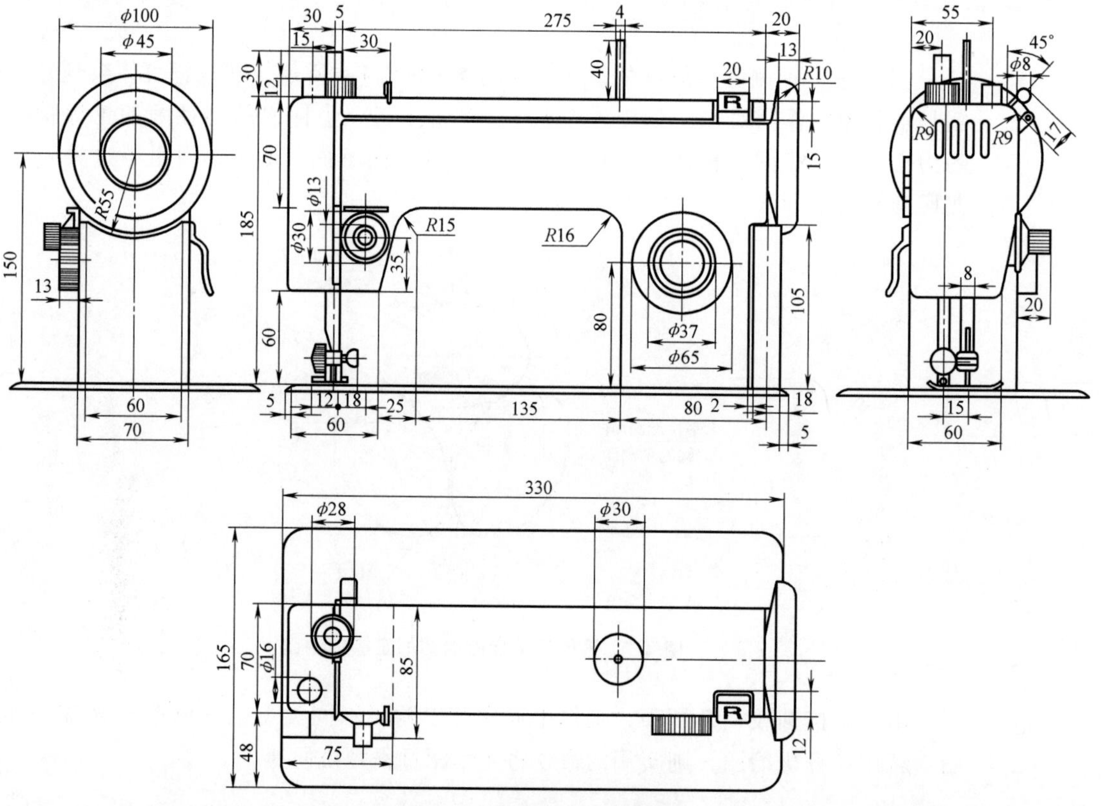

图 4-8　缝纫机机头的视图

■ 拓画出缝纫机机头的主视图,所有宽度方向的尺寸均沿 45°方向,以实长的一半画出,如图 4-9a 所示。

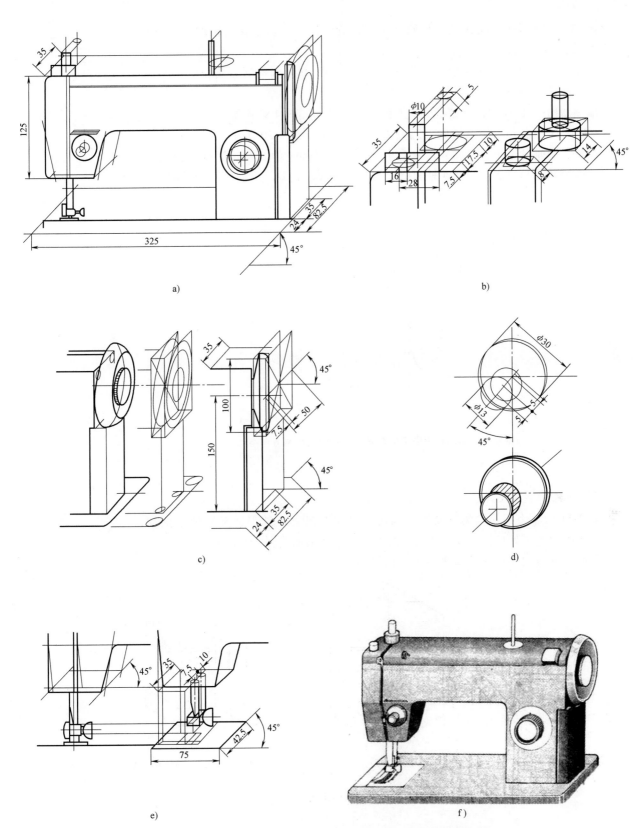

图 4-9　缝纫机机头的斜二轴测图画法

a）以主视图为作图基础，沿 45°方向取各部分实长的一半完成作图　b）调压螺钉及加油孔的画法

c）手轮的画法　d）面线调节器的画法　e）针杆及压脚等的画法　f）缝纫机机头的斜二轴测图

■ 作调压螺钉、加油孔、手轮等柱体结构的外切矩形，再用对角线确定圆心，用 20°椭圆模板完成椭圆，如图 4-9b 和图 4-9c 所示。

■ 缝纫机机头正面的旋钮均用圆规来画,旋钮端面向前平移实距的 1/2,如图 4-9d 所示。

■ 针杆及压脚等则以主视图为作图基础,沿 45°方向取各部分实长的一半完成作图,如图 4-9e 所示。

■ 稍加渲染,完成该缝纫机机头的斜二轴测图,如图 4-9f 所示。

如果手工绘制斜二轴测椭圆,近似画法见表 4-3。图 4-10 所示为斜二轴测图中椭圆长、短轴的大小和方向,可以看出,一个坐标面上的圆在轴测图中仍投影为圆,而另两个坐标面上的圆在轴测图中的投影为大小相等、方向不同的椭圆。

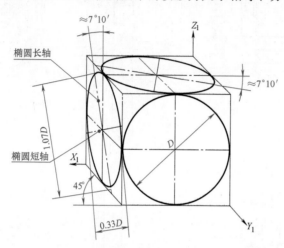

图 4-10　斜二轴测图中椭圆长、短轴的大小和方向

3. 轴测剖视图画法

图 4-11 所示为正等轴测剖视图的画法。可先画出立体外形,然后画出剖切面,再擦掉多余的外形轮廓线,补画断面轮廓线并在剖面范围内画剖面线。

剖面线的方向应按图 4-12 所示的方法绘制。

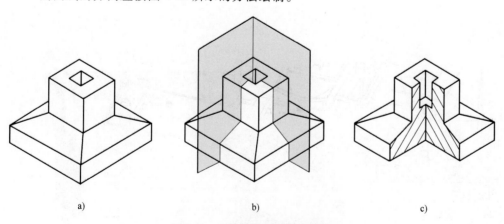

a)　　　　　　　　　　　b)　　　　　　　　　　　c)

图 4-11　正等轴测剖视图的画法

a)正等轴测图　b)剖切位置　c)正等轴测剖视图

4. 轴测分解图画法

图 4-13 所示为可视电话机的轴测分解图(又称为爆炸图)。其画法是将零件按装配顺序逐个单独画出,以展示内部结构及连接关系。

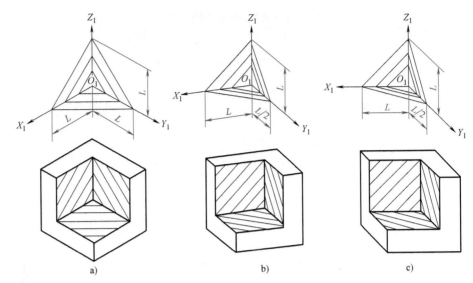

图 4-12 轴测剖视图中的剖面线方向

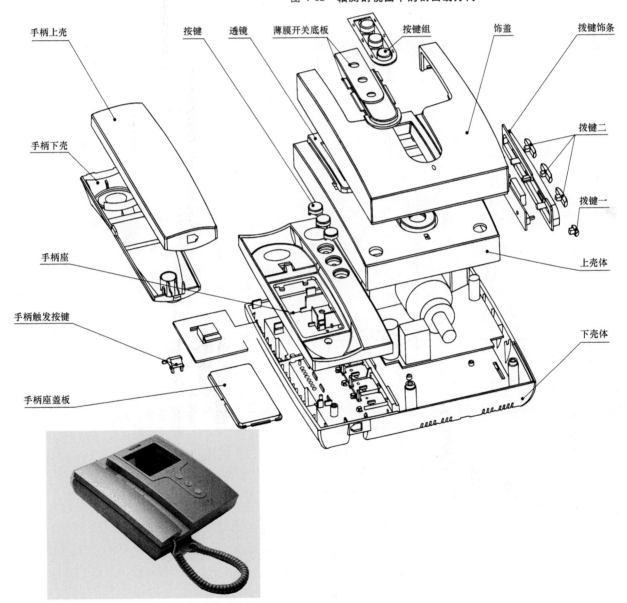

图 4-13 可视电话机的轴测分解图

表 4-3　斜二轴测图中椭圆的近似画法

	作图方法		
作图方法	1）定长、短轴方向：作轴测轴，以点 O_1 为圆心，原视图直径为直径画圆，交 O_1X_1 轴、O_1Z_1 轴于点 A、B、C、D；作 O_1C 中点 M，以点 D 为圆心、DM 为半径作圆弧交圆于点 E，连接 O_1E 确定长轴方向，过点 O_1 作 O_1E 的垂线，即确定短轴方向	2）定出四个圆心：以点 C、D 为圆心，以 AD 为半径，画圆弧交长轴于点 O_4、O_5，交短轴于点 O_2、O_3，连接 O_2O_4、O_2O_5、O_3O_4、O_3O_5 并延长	3）画四段圆弧：以点 O_2、O_3 为圆心，以 O_2B 为半径画大圆弧交连心线于点 Ⅰ、Ⅱ、Ⅲ、Ⅳ，再以点 O_4、O_5 为圆心，以 O_4Ⅰ 为半径，画小圆弧，即得椭圆
图例	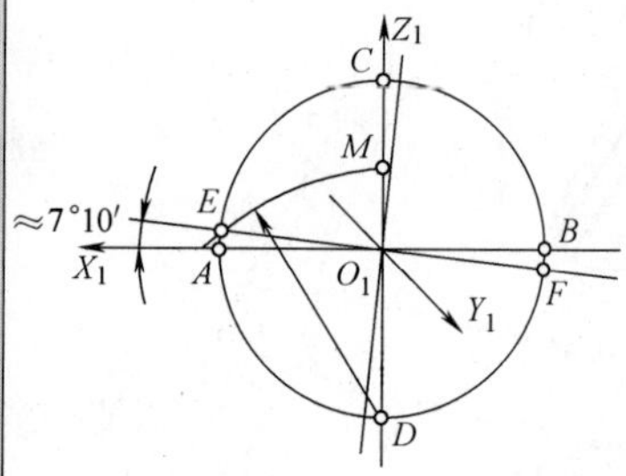	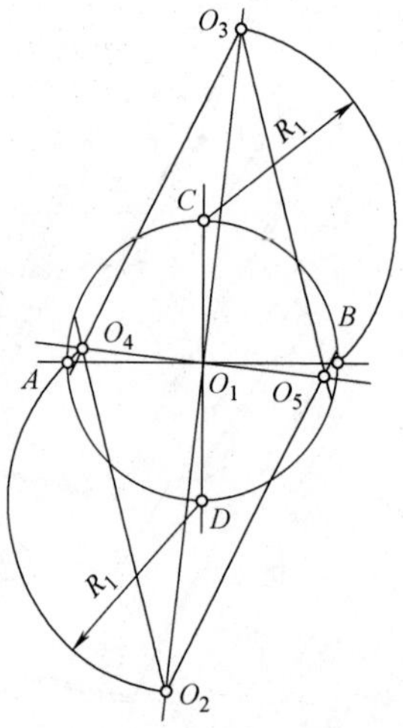	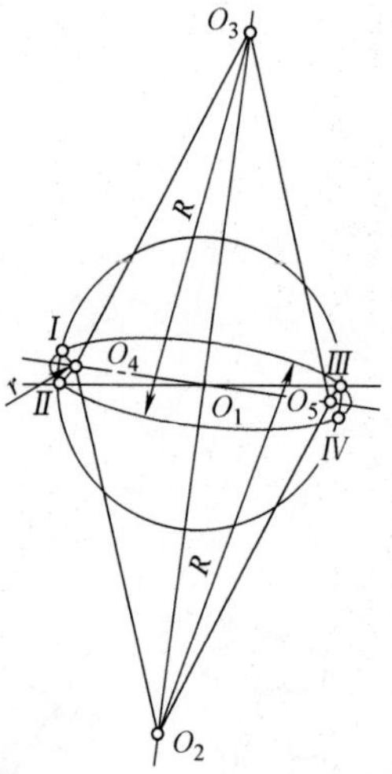

5. 建筑轴测图画法

建筑轴测图常常采用如下简单的作图方法：先将建筑平面图在图面内旋转某一角度（如 30°），然后结合高度尺寸完成轴测图。

图 4-14 所示为某建筑楼梯空间的视图，其建筑轴测图的作图步骤如下：

■ 将底层平面图逆时针旋转 30°复制在图面上，如图 4-15a 所示。

■ 根据图 4-14 所示尺寸画出柱子及二、三层地面等，再在相应高度处画平面图形。对沙发等室内物品进行相同处理，如图 4-15b 所示。

■ 画楼梯台阶。由 A、B 两点向上引铅垂线至第三层地面。将第一层地面至第三层地面之间作 34 等分，如图 4-15c 所示。按照楼梯平面图的台阶序号顺次求出与对应标号高线的交点，由此逐个画出台阶、扶手等，如图 4-15d 所示。

为使画面给人开阔之感，也可采用其他角度的轴测图，例如，某住宅轴测图的绘图步骤如图 4-16 所示。

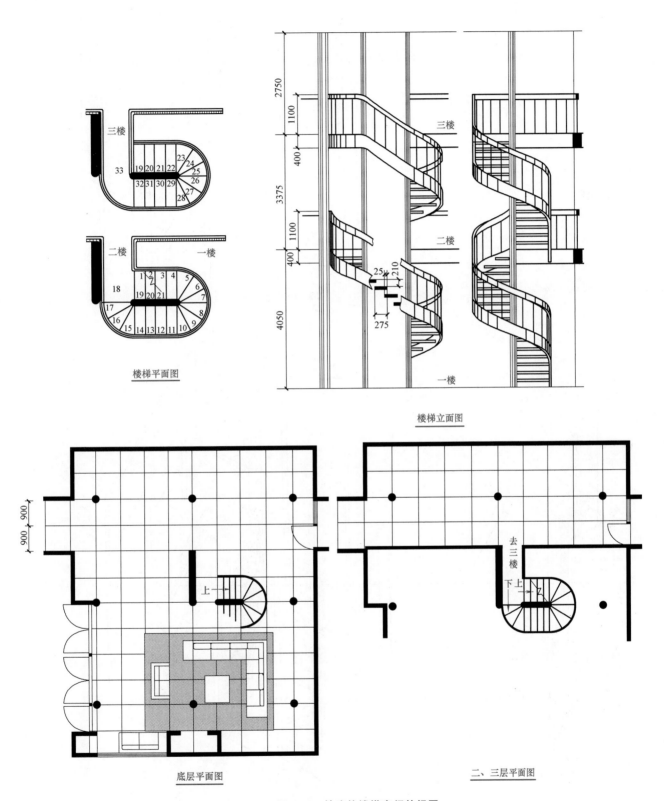

图 4-14　某建筑楼梯空间的视图

90

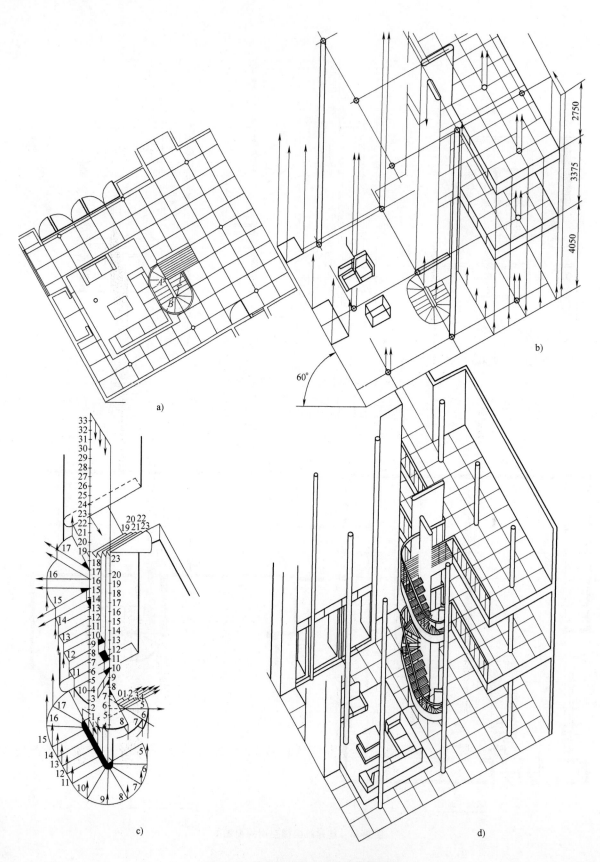

图 4-15　某建筑楼梯空间的轴测图画法

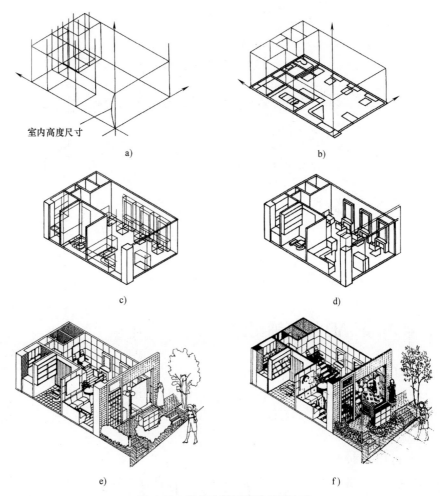

室内高度尺寸

a)

b)

c)

d)

e)

f)

图 4-16　某住宅轴测图的绘图步骤

4.3　轴测图的尺寸标注

轴测图中尺寸标注的基本规则如下：

■ 线性尺寸一般应沿轴测轴方向标注。

■ 尺寸线必须与所注线段平行，尺寸界线应平行于某一轴测轴，尺寸数字注写在尺寸线上方，字头趋向上方。

■ 角度尺寸线应画成与视图上圆弧尺寸线相对应的椭圆弧，数字一般水平注写在尺寸线的中断处，字头朝上，如图 4-17 所示。

轴测图中尺寸标注的实例如图 4-18 所示。

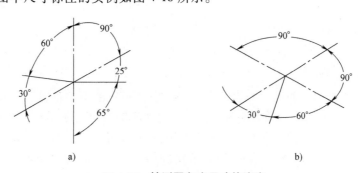

a)

b)

图 4-17　轴测图角度尺寸的注法

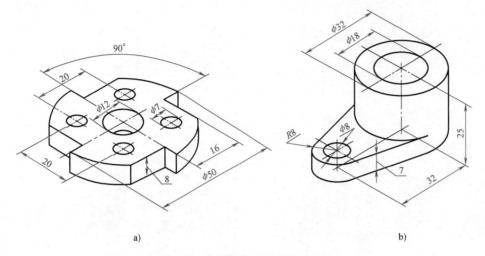

图 4-18 轴测图中尺寸标注的实例

4.4 用 AutoCAD 绘制轴测图

用 AutoCAD 2023 绘制轴测图的方法有两种：一种是将捕捉方式设置为"等轴测"模式，按照绘制平面图的方式，分别绘制物体各个表面的轴测投影；另一种是先构造物体的三维模型，然后选择适当视点形成轴测图。

1. 绘制正等轴测图

在命令行窗口输入"Snap"（捕捉）命令，根据提示输入"S"选择"样式（S）"选项，输入"I"将捕捉方式设为"等轴测（I）"，此时，栅格显示将由标准正交模式改为正等轴测模式，指针也只能沿 30°、90°、150° 的三个主轴方向移动，其中每两条轴确定一个平面，分别称为右平面、顶平面和左平面，如图 4-19 所示。任一时刻，AutoCAD 只允许在一个轴测平面上作图。

轴测平面的选择可通过输入"Isoplane"（指定当前等轴测平面）命令或按 〈Ctrl+E〉快捷键快速切换，指针将与所选平面相对应。

图 4-19 三维打印出的实体模型轴测图的左、右和顶平面

下面以绘制图 4-20a 所示立体的正等轴测图为例介绍绘制方法，具体作图过程如下（操作步骤详见演示视频，扫码观看）：

■ 设置工作空间。用鼠标右键单击"栅格捕捉"按钮 ▦ 打开"草图设置"对话框，在"栅格和捕捉"选项卡中，将"捕捉类型"选择为"栅格捕捉"→"等轴测捕捉"，单击"确定"按钮完成设置。按〈Ctrl+E〉快捷键切换到左平面。

■ 左侧面作图。调用"直线"命令，画出图 4-20b 所示图形中的直线部分。调用"椭圆"命令，在命令行窗口提示下输入"I"，这样就可画出左侧面大圆和小圆的轴测投影。

■ 修剪并复制。调用"修剪"命令，剪去大圆弧的下半部分，调用"删除"命令删除过圆心的直线。向右上方复制已经得到的图形，如图 4-20c 所示。

■ 补充图线。调用"直线"命令添加其他所需图线，如图 4-20d 所示，并调用"修剪"命令对多余图线进行修剪，最后得到图 4-20a 所示轴测图。

正等轴测图虽然具有立体效果，但实质上仍然是二维平面图形，不能通过改

操作演示
绘制
正等轴测图

变视点来观察物体背面，也不能再生成透视图。

另外必须注意，在轴测模式下标注的尺寸不符合规范，应用"标注"菜单的"倾斜"命令进行修改才能使尺寸标注符合要求。

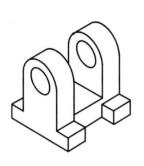

a)

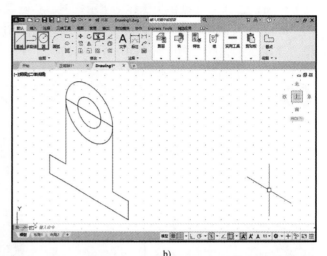

b)

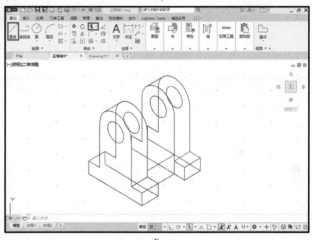

c)

d)

图 4-20　绘制正等轴测图

a）已知轴测图　b）左侧面作图　c）修剪并复制　d）补充图线

2. 由三维模型生成轴测图

第 3 章已经介绍过，AutoCAD 可以建立线框模型、表面模型和实体模型三种三维模型，这三种模型均能产生立体视觉效果，但它们的数据结构不同，有各自的创建特点和编辑技术。线框模型是在三维空间中把三维形体的线条用三维坐标构造出来，基本图元是点、直线和曲线，虽然模型简单，但显示具有二义性，无法进行消隐，不适用于生成轴测图。因此下面仅以表面模型和实体模型为例，介绍由三维模型生成轴测图的方法。

在进行三维建模之前，必须了解 AutoCAD 的用户坐标系（UCS），它可以改变当前坐标系的位置和方向，允许以任意一个平面为绘图平面、以任意一个位置为坐标系原点，从而使建立三维模型更加简单方便，故其为构造三维模型的基础和关键。用户坐标系通过"UCS"命令来进行设置。

（1）由表面模型生成轴测图　表面模型是用表面围成的三维模型，建模常用

命令有"三维面"（3DFace）、"直纹曲面"（Rulesurf）、"旋转曲面"（Revsurf）
和"三维网格"（3DMesh）等。

下面以图 4-21a 所示酒瓶表面模型为例介绍由表面模型生成轴测图的方法，
具体作图过程如下（操作步骤详见演示视频，扫码观看）：

■ 画出所需轴和曲线。调用"直线"命令，作出图 4-21b 所示的直线 *AB*；调
用"多段线"命令，作出图 4-21b 所示的曲线，即作出回转体素线。

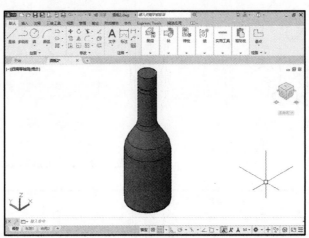

a)

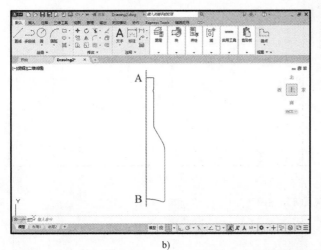

b)

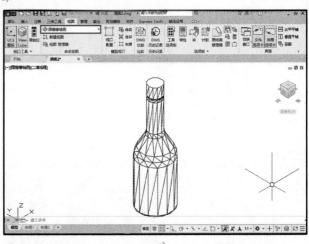

c)

图 4-21 由酒瓶表面模型生成轴测图

a）模型渲染效果 b）绘制所需轴和素线 c）生成的正等轴测图

■ 修改表面经纬度密度。在命令行窗口输入"Surftab1"命令，根据提示输
入"30"，将线框密度 1 设置为 30。同样输入"Surftab2"命令将相应的数值也改
为 30。

■ 旋转曲面。在命令行窗口输入"Revsurf"命令，或者单击"旋转曲面"按钮：

命令:Revsurf

当前线框密度:Surftab1＝30 Surftab2＝30

选择要旋转的对象://选取用"多段线"命令绘制的回转体素线

选择定义旋转轴的对象://选取直线 *AB* 为旋转轴

指定起点角度<0>:↙

指定包含角(＋＝逆时针,－＝顺时针)<360>:↙

■ 生成轴测图。在功能区单击展开"视图"选项卡，在"命名视图"选项板选择"西南等轴测"选项。在命令行窗口输入"Hide"命令，根据提示进行选择，使不必要的图线消隐，即得图 4-21c 所示酒瓶曲面的正等轴测图。

说明："视图"选项卡提供了四种正等轴测图，分别是"西南等轴测""东南等轴测""东北等轴测"和"西北等轴测"，用户可在其中进行切换，还可以自己旋转视图，自由定义轴测图的角度。

（2）由实体模型生成轴测图　实体模型是一种三维实心状态立体。建模常用命令有"长方体"（Box）、"圆柱体"（Cylinder）、"圆锥体"（Cone）、"球体"（Sphere）、"楔体"（Wedge）和"圆环体"（Torus）等，用这些命令建立基本形体，再对基本形体进行并、交、差等布尔运算，连接组合后即可得到复杂形状的实体模型。

（3）电话拨键模型实例　下面以图 4-22a 所示电话拨键为例介绍由实体模型生成轴测图的方法，具体过程如下（操作步骤详见演示视频，扫码观看）：

■ 绘制轮廓线。调用"多段线"命令绘制图 4-22b 所示的曲线。

■ 拉伸实体并倒圆。调用"拉伸"命令将现有轮廓线拉伸一定的长度。调用"圆角边"命令对前、后表面的边缘倒圆，如图 4-22c 所示。

操作演示
由三维模型
生成轴测图
-2

■ 一次布尔运算。按上述步骤的方法在已有实体上生成一个小实体，并在"实体编辑"选项板单击"差集"按钮以进行求差布尔运算，结果如图 4-22d 所示。

■ 生成上部长方体。在现有实体上部生成两个大小不等的长方形，如图 4-22e 所示。

■ 二次布尔运算及消隐。对上部的两个长方体调用"差集"命令进行求差布尔运算。调用"Hide"命令进行"消隐"处理，结果如图 4-22f 所示。

（4）烟灰缸模型实例　由图 4-23a 所示烟灰缸实体模型生成轴测图的具体作图过程如下（操作步骤详见演示视频，扫码观看）：

■ 生成基体长方体。调用"长方体"命令创建基体长方体，如图 4-23b 所示。

操作演示
由三维模型
生成轴测图
-3

■ 在顶面上画圆。在长方体顶面上，调用"圆"命令画圆，如图 4-23c 所示。

■ 拉伸圆台。调用"拉伸"命令，设置"倾斜角"为 20°，设置"方向"为 -15，将顶面圆拉伸成圆台，如图 4-23d 所示。

■ 一次布尔运算。调用"差集"命令从长方体中减去圆台，如图 4-23e 所示。

■ 长方体倒圆。调用"圆角边"命令，将长方体的四条棱倒圆，如图 4-23f 所示。

■ 生成小圆柱。调用"圆柱体"命令创建小圆柱，使小圆柱的一个顶面过形体的对称中心线，如图 4-23g 所示。

■ 旋转小圆柱。单击"三维旋转"按钮（对应的命令为"3DRotate"），以形体的对称中心线为基准，将小圆柱水平旋转 45°，如图 4-23h 所示。

■ 阵列小圆柱。调用"阵列"命令，以形体的对称中心线为基准，选择"极轴"阵列方式（对应的命令为"Arraypolar"），按图 4-23i 进行设置，阵列得到 4 个小圆柱，如图 4-23j 所示。

■ 二次布尔运算生成凹槽。调用"差集"命令，先选择基体，再选择 4 个小圆柱体，求差得到凹槽，如图 4-23k 所示。

■ 对实体边缘倒圆。对实体上、下表面的边缘倒圆，如图 4-23l 所示。

95

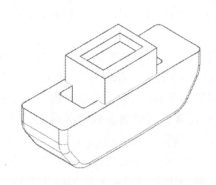

a)

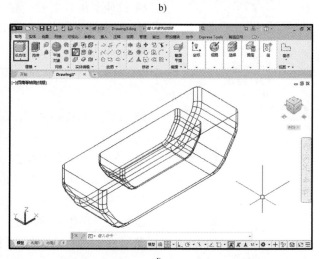

b)

c)

d)

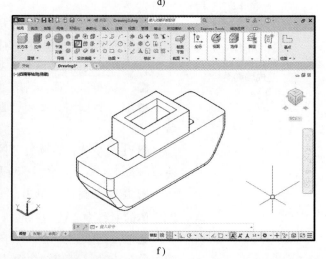

e)

f)

图 4-22　由电话拨键实体模型生成轴测图

a）实体模型　b）绘制轮廓线　c）拉伸实体并倒角

d）一次布尔运算生成凹陷结构　e）生成上部长方体　f）二次布尔运算及消隐

97

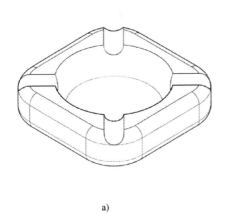

a)

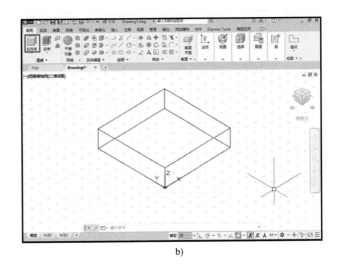

b)

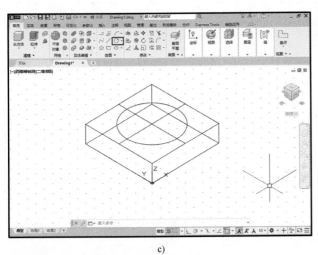

c)

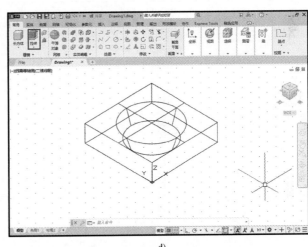

d)

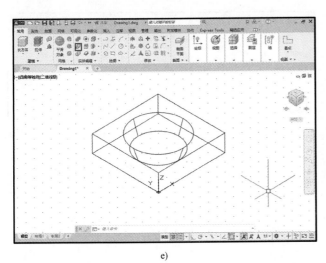

e)

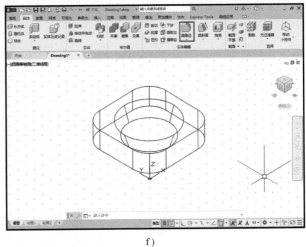

f)

图 4-23　从烟灰缸实体模型生成轴测图

a）实体模型　b）生成基体长方体　c）在顶面上画圆　d）拉伸圆台　e）一次布尔运算　f）长方体倒圆

98

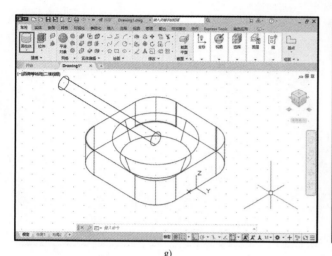

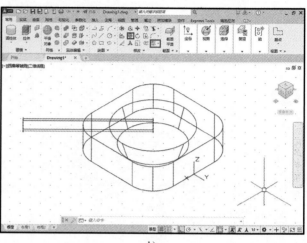

g)   h)

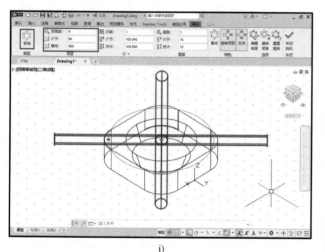

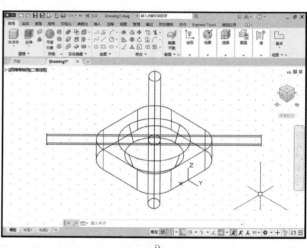

i)   j)

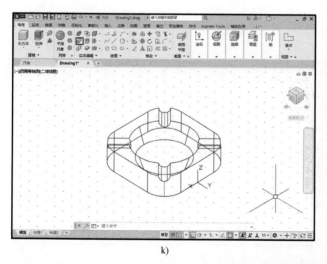

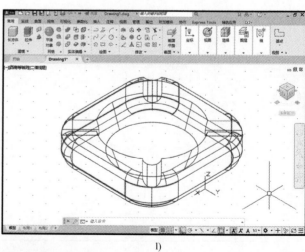

k)   l)

图 4-23 从烟灰缸实体模型生成轴测图（续）

g）生成小圆柱 h）旋转小圆柱 i）阵列小圆柱的设置 j）阵列得到 4 个小圆柱

k）二次布尔运算生成凹槽 l）对实体边缘倒圆

操作演示
由三维模型
生成轴测图
-4

（5）计算器模型实例　由图 4-24a 所示计算器三维实体模型生成轴测图的具体作图过程如下（操作步骤详见演示视频，扫码观看）：

■ 切换视图。把视图切换成正等轴测图的形式。

■ 消隐处理。用"消隐"（Hide）命令进行消隐，所得轴测图如图 4-24b 所示。

a)

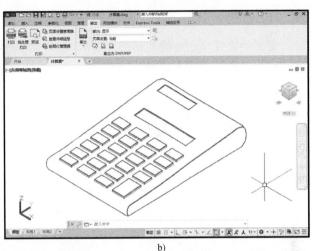

b)

图 4-24　由计算器实体模型生成轴测图

a）渲染的实体模型　b）轴测图

第5章
常用表达方法

在工业设计中，有些产品的形状较复杂。为了将其内外形状正确、完整、清晰地表达出来，国家标准规定了视图、剖视图、断面图及简化画法等表达方法，本章将介绍有关内容。

5.1 基本视图和其他视图

本节内容依据 GB/T 14692—2008《技术制图　投影法》、GB/T 17451—1998《技术制图　图样画法　视图》、GB/T 16675.1—2012《技术制图　简化表示法第1部分：图样画法》、GB/T 4458.1—2002《机械制图　图样画法　视图》和GB/T 50001—2017《房屋建筑制图统一标准》编写，将介绍国家标准对基本视图和其他视图的一些基本规定。

1. 基本视图和向视图

（1）基本视图　如图 5-1 所示，采用正六面体的六个面作为基本投影面，将

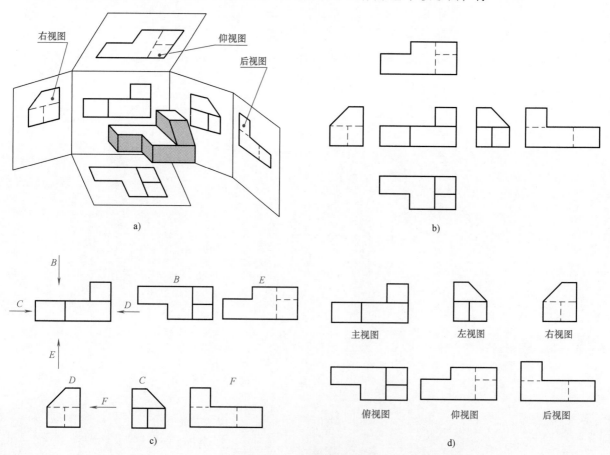

图 5-1　基本视图和向视图

a）基本视图的形成　b）基本视图的配置　c）向视图表达方案一　d）向视图表达方案二

物体向基本投影面投射，所得视图称为基本视图。基本视图除前面学过的主视图
（也称为正立面图）、俯视图（也称为平面图）和左视图（也称为左侧立面图）
外，还有：

右视图——由右向左投射，在六面体左侧面上所得的视图，也称为右侧立面图。

仰视图——由下向上投射，在六面体顶面上所得的视图，也称为底面图。

后视图——由后向前投射，在六面体前面上所得的视图，也称为背立面图。

各投影面的展开方法如图 5-1a 所示。展开后，各基本视图的配置如图 5-1b 所
示。显然，这六个基本视图之间仍然应符合长对正、高平齐、宽相等的投影规律。
在同一张图样内按图 5-1b 所示配置视图时，一律不注视图名称。

在实际作图时，一般根据所画对象的形状特点和复杂程度，选用适当数量的
基本视图。在明确表达物体的前提下，应使视图数量为最少。

（2）向视图　向视图是可自由配置（基本视图平移）的视图。根据实际表达
需要，只允许从以下两种表达方式中选择一种：

■ 在向视图的上方标注"×"（"×"为大写拉丁字母），在相应视图的附近用
箭头指明投射方向，并标注相同的字母，如图 5-1c 所示。

■ 在视图下方（或上方）标注图名。标注图名的各视图的位置，应根据需要
和可能，按相应的规则布置，如图 5-1d 所示。

2. 斜视图和局部视图

（1）斜视图　斜视图是物体向不平于基本投影面的平面投射所得的视图。

图 5-2a 所示为某工程形体的一种视图表达方案。在它的五个立面中，有一个立
面不平行于基本投影面，因此，基本视图均无法反映其实形，画图、读图和标注尺
寸均较为困难。为此，可设立一个与该倾斜立面平行的（不平行于基本投影面的）
辅助投影面，将倾斜部分向此辅助投影面投射得到斜视图，如图 5-2b 所示。

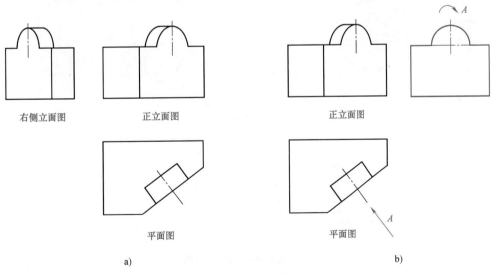

右侧立面图　　正立面图　　正立面图

平面图　　平面图

a)　　b)

图 5-2　某工程形体的斜视图

a) 表达方案一　b) 表达方案二

图 5-3a 所示为压紧杆三视图，可以看出三视图中虚线较多，且存在圆形的变
形投影，绘图和读图效率低，因此可按图 5-3b 所示方式投射，得到图 5-4a 所示斜
视图 A。

斜视图的配置及标注方式：

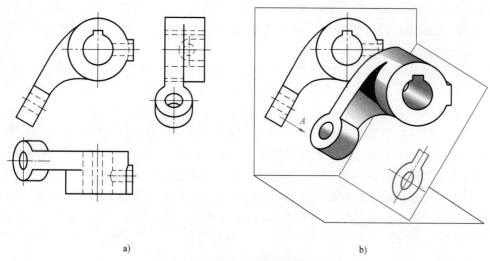

图 5-3　压紧杆的三视图和斜视图形式

a）压紧杆三视图　b）压紧杆斜视图形成

■ 在视图上方标出"×"（"×"为大写拉丁字母），在相应的视图附近用箭头指明投射方向，并注上同样的字母。图 5-4a 中的 ⌒ A 向视图为压紧杆的局部斜视图。

■ 必要时，允许将斜视图旋转配置，旋转符号的方向要与实际旋转方向一致，表示该视图名称的大写拉丁字母"×"应靠近旋转符号的箭头端，如图 5-2b、图 5-4b 所示。也允许将旋转角度标注在字母之后。标注形式为"⌒×"或"⌒× 旋转角度"。比如将斜视图 A 顺时针旋转 45°，可在图上方注写"⌒ A"或"⌒ A45°"。

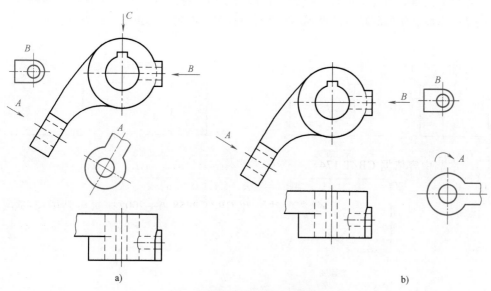

图 5-4　压紧杆的两种视图表达

a）压紧杆的表达方案一　b）压紧杆的表达方案二

（2）局部视图　将物体某一部分向基本投影面投影所得的视图。局部视图的配置及标注方式：

■ 局部视图可按基本视图的配置形式配置。例如图 5-4a、b 中的俯视图，画了 A 向斜视图后，俯视图上不必再画出倾斜部分的投影，其断裂处边界线用波浪线表示。

■ 局部视图也可按向视图的配置形式配置并标注，如图 5-4 所示。

■ 所表现的局部结构的断裂处用波浪线或双折线绘制。当该局部结构的外轮廓线成封闭时，波浪线可以省略不画。

3. 展开视图

图 5-5 为一幢平面图呈长方形和环形的房屋，用一个屋顶平面图、三个立面图和一个 A 向斜视图表达了它的外形。其中，正立面图和背立面图都是将环形立面展开成平行于基本投影面的平面后再进行投影而画出的展开视图，所以在图名后加注了"展开"字样。左侧立面图和 A 向斜视图按局部视图绘制时，在外轮廓线封闭的情况下，都允许不画与它相连的其他部分。

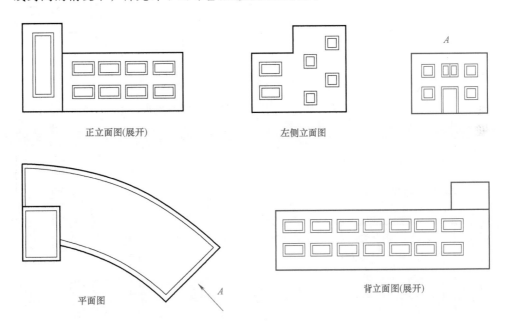

正立面图(展开)　　　　　左侧立面图

平面图　　　　　　背立面图(展开)

图 5-5　房屋的展开视图

5.2　剖视图和断面图

本节内容依据 GB/T 17452—1998《技术制图　图样画法　剖视图和断面图》、GB/T 17453—2005《技术制图　图样画法　剖面区域的表示法》、GB/T 4457.5—2013《机械制图　剖面区域的表示法》和 GB/T 4458.6—2002《机械制图　图样画法　剖视图和断面图》编写，将介绍国家标准对剖视图和断面图的一些基本规定。

1. 剖视图

（1）概念　假想用剖切平面剖开物体，将处于观察者和剖切平面之间的部分移去，而将其余部分向投影面投射所得的图形，称为剖视图，如图 5-6 所示。

采用剖视图的目的，是将物体上一些原先看不见的结构按照一定的规则表示出来。这样对读图和标注尺寸都方便。

（2）剖切平面的种类　根据物体的结构特点，可选择以下剖切平面剖开物体：

■ 单一剖切平面，如图 5-7 所示。

微课讲解
剖视图的概念
和绘图要求

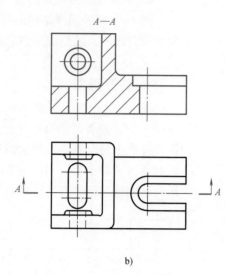

图 5-6　剖视图的概念

a）剖视图的形成　b）形成的剖视图

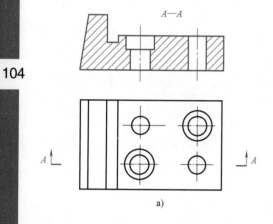

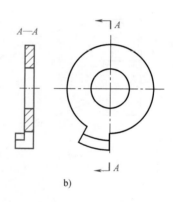

图 5-7　单一剖切平面的剖视图

■ 几个平行的剖切平面，如图 5-8a 所示。选择几个平行的剖切平面剖开物体时，剖视图中不应出现不完整要素，仅当两个要素在图形上具有公共对称中心线时，才允许以中心线为界，各画一半，如图 5-8b 所示。

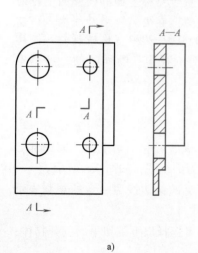

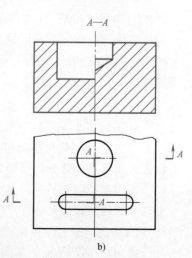

图 5-8　几个平行的剖切平面的剖视图

■ 几个相交的剖切平面（交线垂直于某一投影面），如图 5-9 所示。

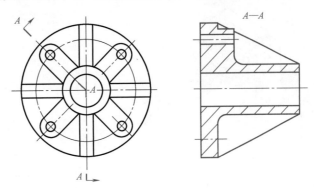

图 5-9　几个相交的剖切平面的剖视图

（3）剖视图的画法

■ 剖切平面一般应通过物体的对称平面或轴线，并且平行或垂直于某一基本投影面。

■ 在剖视图中，用粗实线画出物体被剖切后的断面的轮廓线和在剖切平面之后的结构的可见轮廓线。

■ 在断面图形内，要画出表示物体材料类别的剖面符号。根据 GB/T 4457.5—2013 的规定，通用剖面线为一组适当角度的平行细实线，并与主要轮廓断面区域的对称线成 45°。

对于同一物体的各剖视图，其剖面线应间隔相等，方向一致，如图 5-10 所示。

■ 在相应的视图上用剖切符号（用粗短画表示）或剖切线表示剖切位置。剖切线为细点画线，如图 5-6b 所示，也可省略不画。剖切符号指示剖切平面的起、止和转折位置（用粗短画表示）及投射方向。剖切符号尽量不与图形的轮廓线相交，在它的起、止和转折处标注上相同的字母，并在起、止处画出箭头表示投射方向。在剖视图的上方，用与标注剖切位置相同的字母标出剖视图的名称"×—×"，如图 5-6~图 5-10 中的 A—A 剖视图所示。

（4）剖视图的种类

■ 全剖视图。用剖切平面完全地剖开物体所得的剖视图，称为全剖视图。它主要用于外形简单、内形复杂且不对称的物体，如图 5-6 和图 5-7 所示。

■ 半剖视图。当物体具有对称平面时，向垂直于对称平面的投影面上投射所得的图形，可一半画成剖视图，另一半画成视图，并以对称中心线为界，这种剖视图称为半剖视图。如图 5-10 所示，物体既左右对称，又前后对称，所以，主视图和俯视图均采用半剖视图表达。

半剖视图中剖切位置的标注方法与全剖视图相同。

半剖视图中的虚线通常省略不画。

■ 局部剖视图。用剖切平面局部地剖开物体所得的剖视图称为局部剖视图，如图 5-11 所示。局部剖视图是一种比较灵活的表达方法，剖切位置和范围大小均可根据实际需要而定，同一个视图可采用若干个局部剖视。

2. 断面图

（1）概念　当图样上需要表达的只是物体某些结构的断面形状，而不必画出剖视图时，可采用断面图来表达。

微课讲解
剖视图的种类

用对称中心线分界

图 5-10　半剖视图

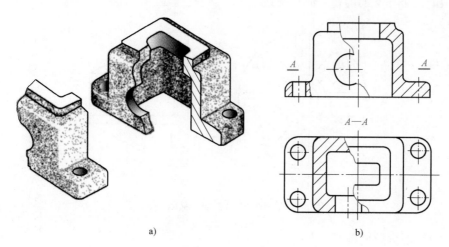

a)   b)

图 5-11　局部剖视图

a）局部剖视图的形成　b）形成的局部剖视图

假想用一个剖切平面把物体切开，只画出切口的真实形状，并画上剖面符号，所得的图形称为断面图，简称断面。图 5-12a 所示的轴左端有一个键槽，右端有一个通孔。主视图仅能表示出键槽和孔的形状和位置，但不能表示它们的深度。若采用左视图表达，则将出现几个同心圆，图面不太清晰。这时，可假想分别在键槽和孔的中心位置处，用剖切平面垂直于轴线将轴剖开，画出剖切所得的断面图形，并加上剖面符号，这样就可以清楚地表达出键槽的深度及通孔情况，如图 5-12b 所示。

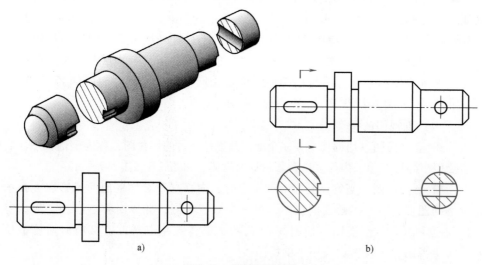

a)   b)

图 5-12　断面图的概念

a）断面图的形成　b）形成的断面图

断面图常用来表示物体上的肋板、轮辐、轴上的键槽和孔等的形状。

（2）断面图的种类　根据断面图配置位置的不同，断面图分为两种。

■ 移出断面图。画在视图之外的断面图称为移出断面图，如图 5-12b 所示。移出断面图的图形应画在视图之外，轮廓线用粗实线绘制，配置在剖切线的延长线上或其他适当位置。当剖切平面通过物体上的圆孔或凹坑的轴线时，这些结构按剖视图画出。断面图的正确和错误画法如图 5-13 所示。

■ 重合断面图。一般在不影响图形清晰表达的情况下可采用重合断面。重合断面图的图形应画在视图之内，断面轮廓线用实线（通常机械制图中用细实线，建筑制图中用粗实线）绘出。对称的重合断面图不必标注剖切符号，如图 5-14 所示；非对称的重合断面应在剖切位置处用箭头表示投射方向，如图 5-15 所示。当视图中的轮廓线与重合断面的图形重叠时，视图中的轮廓线仍应连续画出。

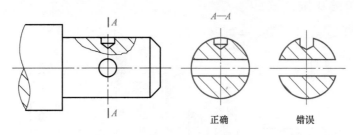

图 5-13　断面图的正确和错误画法

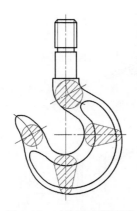

图 5-14　对称重合断面图

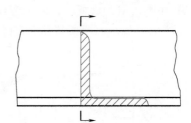

图 5-15　非对称重合断面图

5.3　其他表达方法

1. 局部放大图

当物体上的某些细部结构在已有视图上表达得不够清楚或不便于标注尺寸时，可用大于原图形的作图比例，单独画出这部分结构，这样的图形称为局部放大图，如图 5-16 所示。

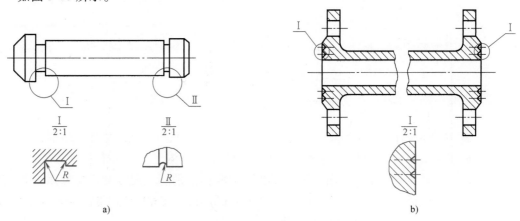

a)

b)

图 5-16　局部放大图

a）不同部分的局部放大　　b）对称部分的局部放大

绘制局部放大图时，一般应该用细实线圈出被放大的部位。当同一产品上有几个被放大的部分时，必须用罗马数字依次标明被放大的部位，并在局部放大图的上方标注出相应的罗马数字和所采用的比例。

2. 常用简化画法

■ 当机件上具有若干相同结构（槽、孔等），并且这些结构按一定规律分布时，只需画出几个完整的结构，其余用细实线连接或用细点画线定位，并在图中注明总数，如图5-17所示。

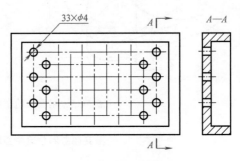

图 5-17 相同结构要素的简化画法

■ 较长机件（轴、杆、型材等）沿长度方向的形状一致或按一定规律变化时，可断开后缩短绘制，但尺寸仍注总长，如图5-18所示。

■ 在不致引起误解时，对于对称机件的视图可只画一半或四分之一，并在对称中心线的两端画出两条与其垂直的平行细实线，如图5-19所示。

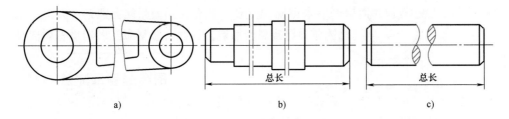

a)   b)   c)

图 5-18 较长机件的简化画法

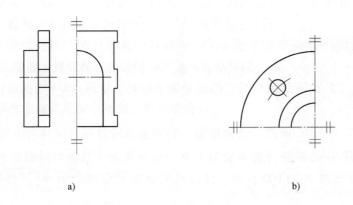

a)   b)

图 5-19 对称结构的简化画法

■ 对于机件的肋、轮辐及薄壁等，如按纵向剖切，这些结构都不画剖面符号，而用粗实线将它与其邻接部分分开。当机件回转体上均匀分布的肋、轮辐、孔等结构不处于剖切平面上时，可将这些结构旋转至剖切平面上画出，如图5-20所示。

■ 在不致引起误解时，机件上的小圆角、锐边的小倒角或45°小倒角允许省略不画，但必须注明尺寸或在技术要求中加以说明，如图5-21所示。

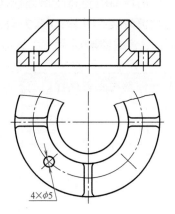

图 5-20　肋、轮辐、薄壁及孔剖视图的简化画法

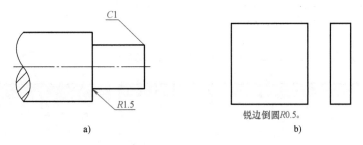

a)　　　　　　　　　　　　　　　　　　b)

图 5-21　小圆角、锐边的小倒角或 45°小倒角的简化画法

5.4　表达方法的综合应用

　　在实际设计制图中，应根据产品的结构特点进行具体分析，尽量使表达方案能完整、清晰、简明地表示出产品的内外结构形状。应使每个视图、剖视图、断面图等都具有明确的表达内容，同时又便于读图，并力求简化绘图工作。

　　图 5-22 所示支座由上部圆筒、下部倾斜底板和中间连接肋板组成，其表达可采用图 5-23 所示的方案。主视图中采用了两处的局部剖视，既表达了总体的外部

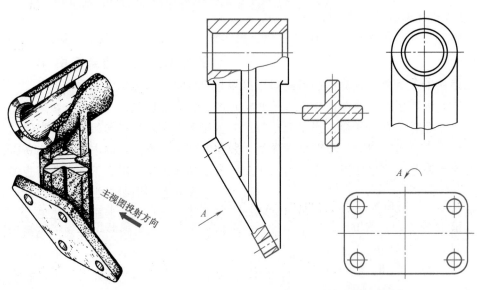

图 5-22　支座立体图　　　　　　　图 5-23　支座的表达方案

结构形状，又表达了上部圆筒的内部结构和下部倾斜底板上的通孔；左视图采用局部视图，用于表示圆筒与肋板的连接关系；移出断面图用于表示肋板的断面形状；*A* 向斜视图用于表示倾斜底板的实形。

图 5-24 所示为挂板的表达方案，该方案采用了主视图和 *A—A* 全剖左视图，并用一个局部放大图和一个 *B* 向斜视图表现挂口的形状。

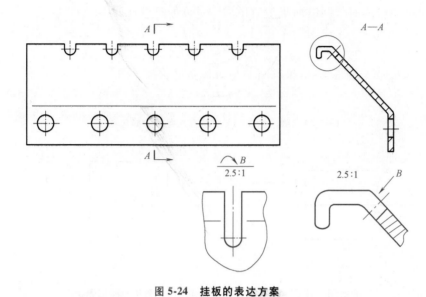

图 5-24　挂板的表达方案

5.5　用 AutoCAD 绘制斜视图和剖视图

1. 用 AutoCAD 绘制斜视图

用 AutoCAD 2023 绘制斜视图的方法有两种：旋转栅格法和平移法。

（1）旋转栅格法　借助 AutoCAD 的旋转栅格功能，将栅格旋转至与机件的倾斜面平行的状态，然后即可按照投影规律绘制机件的斜视图。

以对图 5-25a 所示零件采用旋转栅格法绘制斜视图为例，具体作图过程如下（操作步骤详见演示视频，扫码观看）：

■ 绘制主、俯视图。绘制机件垂直于投影面的立面的主、俯视图，如图 5-25b所示。

■ 旋转栅格。

命令：Snap

指定捕捉间距或［开（ON）/关（OFF）/纵横向间距（A）/旋转（R）/样式（S）/类型（T）］<10.0000>：R↙//选择"旋转（R）"选项以旋转栅格

指定基点<0.0000,0.0000>://选择点 *B*

指定旋转角度<0>://选择点 *C*

此时，点栅格旋转了一个角度，如图 5-25c 所示。

■ 作斜视图。调用"偏移"命令，按照投影关系偏移主视图轮廓线绘制斜视图，如图 5-25c 所示。

■ 完成斜视图。绘制指引箭头，调用"文字"命令添加文字标注。修剪多余图线，完成斜视图，如图 5-25d 所示。

操作演示
用AutoCAD
绘制斜视图

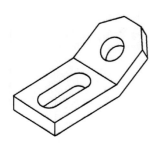

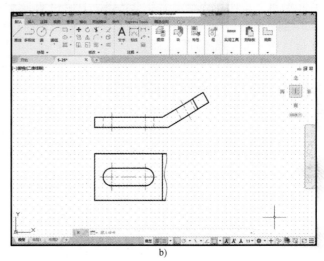

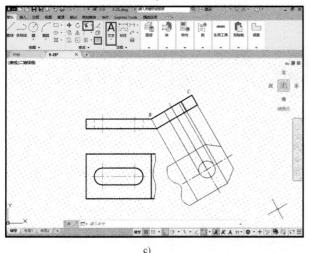

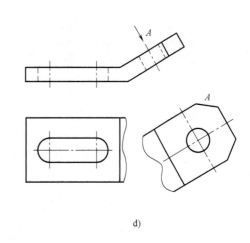

111

图 5-25　斜视图的绘制

a）立体图　b）绘制主、俯视图　c）旋转栅格，作斜视图　d）完成斜视图

（2）平移法　利用"对象捕捉"功能的"捕捉垂足"模式画主视图倾斜线的垂线，再结合"偏移"命令绘制出斜视图。

2. 用 AutoCAD 绘制剖视图

在 AutoCAD 2023 中，调用"图案填充"命令可方便地绘制剖面线，具体作图过程如下（操作步骤详见演示视频，扫码观看）：

■ 绘制图形轮廓。用绘制平面图的方法画出剖视图的图形轮廓，如图 5-26a 所示。

操作演示
用AutoCAD
绘制剖视图

■ 填充剖面线。单击"默认"选项卡中的"图案填充"按钮，功能区会显示"图案填充创建"选项卡，如图 5-26a 所示。单击展开"图案"下拉列表选择合适的剖面符号，接着单击左侧"拾取点"按钮，在上、下两个要加剖面线的区域内各单击一下后按〈Enter〉键，即可得到剖面线。

■ 调整剖面线得到剖视图。可以在命令行窗口输入"Hatch"命令打开"图案填充和渐变色"对话框，如图 5-26b 所示。要注意填充图案比例的调整，以免比例不当而导致剖面线不能正确显示。得到的剖视图如图 5-26c 所示。

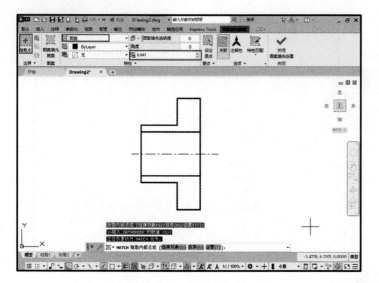 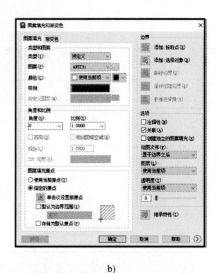

a)   b)

c)

图 5-26 剖视图的绘制

a）图形轮廓及"图案填充创建"选项卡 b）"图案填充和渐变色"对话框 c）添加剖面线结果

第6章
产品的零件图与装配图

6.1 概述

工业产品通常由若干零件按一定的装配关系和技术要求装配而成。表示整个产品或部件的图样，称为装配图。表示单个零件的图样，称为零件图。

装配图表示整个产品或部件的结构形状、装配关系、工作原理和技术要求，在生产过程中，装配图是制订装配工艺规程、进行装配、检验、安装及维修的技术依据。而零件图表示单个零件的结构形状、尺寸大小和技术要求，是制造和检验零件的依据。在进行工业产品设计时，一般先画出装配图，再根据装配图绘制零件图。

1. 装配图

装配图应包括如下基本内容（图 6-1）：

（1）一组视图　用一组视图表示各组成零件的相对位置和装配关系、整机或部件的工作原理和结构特点。前面章节所学的各种表达方法都适用于装配图。

（2）必要的尺寸　必要的尺寸指根据装配、使用及安装的要求，标注反映整机或部件的性能、规格、零件之间的定位及配合要求、安装情况等所必需的尺寸。

（3）零件编号、明细栏和标题栏　将各不同零件编写序号，并在明细栏中依次填写序号、名称、数量、材料等内容。标题栏内容包括：产品名称、比例、件数、图号，以及制图和审核人员的签名等。

（4）技术要求　用文字或代号说明产品在装配、检验和使用等方面的技术要求。

2. 零件图

零件图应包括如下基本内容（图 6-2）：

（1）一组视图　用一组视图表达零件的内、外部形状和结构。

（2）完整的尺寸　零件图中应注出制造和检验零件所需的全部尺寸。

（3）技术要求　用代（符）号、数字或文字表明零件在制造、检验、材质处理等过程中应达到的技术指标和要求。例如，在图 6-2 所示零件图中，尺寸 $\phi 28_{-0.052}^{0}$ 表示了该尺寸在加工时所允许的极限偏差，$Ra12.5$、$Ra25$ 等表示了零件加工的表面粗糙度要求，$\boxed{\circledcirc\ \phi 0.16\ |\ A}$ 表示了 $\phi 28$mm 孔对 $\phi 18$mm 孔的同轴度要求。

（4）标题栏　标题栏用于填写零件的名称、材料、数量和作图比例等内容。

114

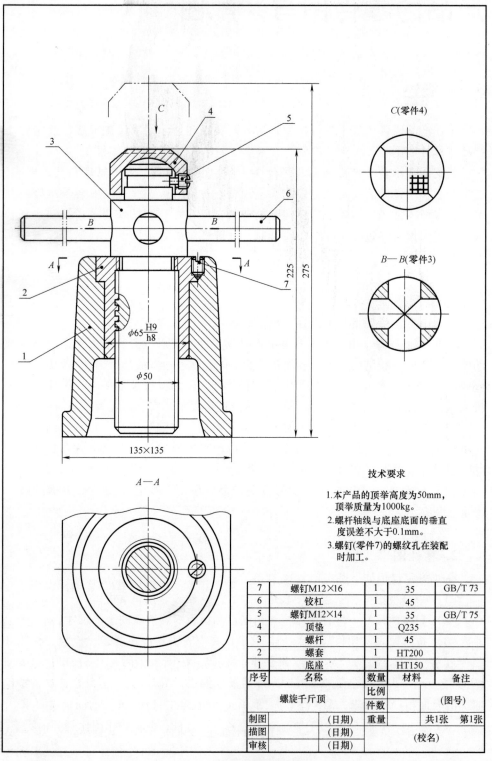

C(零件4)

B—B(零件3)

技术要求

1. 本产品的顶举高度为50mm，
   顶举质量为1000kg。
2. 螺杆轴线与底座底面的垂直
   度误差不大于0.1mm。
3. 螺钉(零件7)的螺纹孔在装配
   时加工。

7	螺钉M12×16	1	35	GB/T 73
6	铰杠	1	45	
5	螺钉M12×14	1	35	GB/T 75
4	顶垫	1	Q235	
3	螺杆	1	45	
2	螺套	1	HT200	
1	底座	1	HT150	
序号	名称	数量	材料	备注

螺旋千斤顶	比例		(图号)
	件数		
制图		(日期)	重量		共1张　第1张
描图		(日期)	(校名)	
审核		(日期)		

图 6-1　螺旋千斤顶装配图

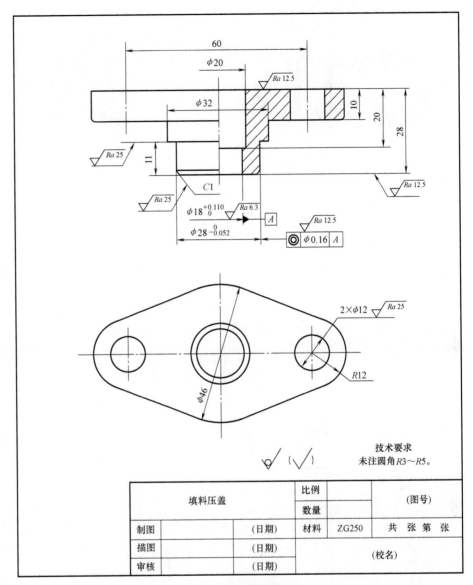

图 6-2　填料压盖零件图

6.2　零件的常见类型及其表达方法

零件是产品的最小单元体。

根据产品的功能需求和加工需要，零件上会出现某些相应的功能结构与工艺结构，这些结构必须在零件图上正确地表达。

从方便和经济的观点出发，国家对某些常用零件（如螺纹紧固件、齿轮和轴承等）或局部结构（如螺纹的牙型等）的规格尺寸、画法和标记进行了标准化处理，对标准件的规格和尺寸也实行了系列化，以满足用户选配需求。下面介绍相关的基本知识和表达方法。

1. 螺纹及螺纹紧固件

仅以螺纹及螺纹紧固件为例，说明标准件的功能、标记、画法和查表方法等。

（1）螺纹　螺纹分外螺纹和内螺纹两种，一般成对使用，如图 6-3 所示。起连接作用的螺纹称为连接螺纹；起传动作用的螺纹称为传动螺纹。

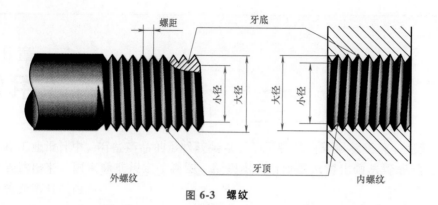

图 6-3　螺纹

　　螺纹的五个基本要素是牙型、公称直径、螺距、线数和旋向，只有这五要素都相同的外螺纹和内螺纹才能互相旋合。螺纹的类型很多，国家标准规定了一些标准的牙型、公称直径和螺距。凡是这三种要素都符合标准的称为标准螺纹；牙型符合标准，但公称直径或螺距不符合标准的称为特殊螺纹；牙型不符合标准的称为非标准螺纹。

　　螺纹的投影比较复杂，为便于读图和画图，国家标准对螺纹的表示法作了规定。螺纹的规定画法见表 6-1。

表 6-1　螺纹的规定画法

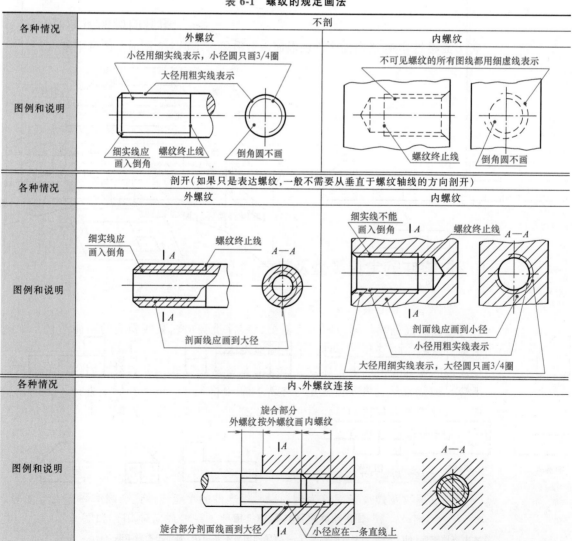

按规定画法画出的螺纹只表示了螺纹的大径和小径，螺纹的种类和其他要素要通过标注才能加以区别。普通螺纹标注格式及图例如图 6-4 所示。

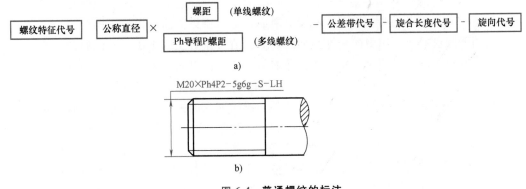

图 6-4　普通螺纹的标注

a）标注格式　b）标注图例

（2）螺纹紧固件　螺纹紧固件种类繁多，应用广泛。它们的功能是连接或紧固零件。螺纹紧固件的结构形式和尺寸均已标准化，一般由标准件厂批量生产，使用单位可按要求依据有关标准选用。常用的螺纹紧固件有螺栓、双头螺柱、螺钉、螺母和垫圈等，表 6-2 列出了常用的螺纹紧固件及其规定画法。

表 6-2　常用的螺纹紧固件及其规定画法

名称及标准号	图例	规定标记示例	标法说明
六角头螺栓 GB/T 5782—2016		螺栓　GB/T 5782　M12×80	螺纹规格 d＝M12、公称长度 l＝80mm、性能等级为 8.8 级、A 级的六角头螺栓
双头螺柱 b_m＝d GB/T 897—1988		螺柱　GB/T 897　M10×50	两端均为粗牙普通螺纹、d＝M10、l＝50mm、性能等级为 4.8 级、不经表面处理 B 型、b_m＝d 的双头螺柱（分 A、B 型两种，"B"省略不注）
开槽圆柱头螺钉 GB/T 65—2016		螺钉　GB/T 65　M5×20	螺纹规格 d＝M5、公称长度 l＝20mm、性能等级为 4.8 级的开槽圆柱头螺钉
开槽沉头螺钉 GB/T 68—2016		螺钉　GB/T 68　M5×20	螺纹规格 d＝M5、公称长度 l＝20mm、性能等级为 4.8 级、表面不经处理的 A 级开槽沉头螺钉
开槽平端紧定螺钉 GB/T 73—2017		螺钉　GB 73　M5×12	螺纹规格 d＝M5、公称长度 l＝12mm、硬度等级为 14H 级、表面不经处理、产品等级为 A 级的开槽平端紧定螺钉

（续）

名称及标准号	图例	规定标记示例	标法说明
1 型六角螺母 GB/T 6170—2015		螺母 GB/T 6170 M12	螺纹规格 D = M12、性能等级为 8 级、A 级的 1 型六角螺母
平垫圈 倒角型 A 级 GB/T 97.2—2002		垫圈 GB/T 97.2 8	标准系列、公称规格为 8mm、由钢制造的硬度等级为 200HV 级、表面不经处理、产品等级为 A 级的倒角型平垫圈

在绘制螺纹紧固件时，除螺纹部分按规定画法绘制外，其余部分的尺寸和形状应从螺纹紧固件的有关标准中查得（参见附录 B），然后绘制其图样。出于作图简便考虑，允许采用比例画法，如图 6-5 所示。

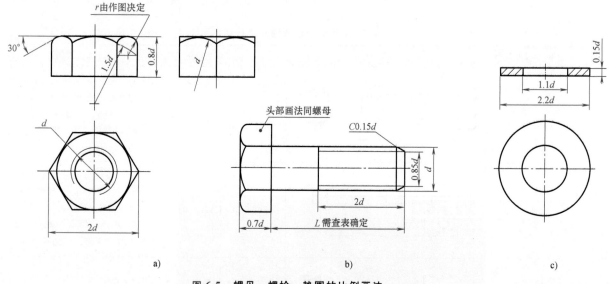

图 6-5 螺母、螺栓、垫圈的比例画法

a）螺母的比例画法   b）螺栓的比例画法   c）垫圈的比例画法

2. 铸件和压塑件的工艺结构

零件的设计除了满足零件本身的功能需求外，其结构还需要满足加工、制造、测量和装配等过程提出的一系列工艺要求，铸件和压塑件上就有壁厚、圆角、起模斜度、凸台和凹槽等工艺结构，它们的作用、特点和表示方法见表 6-3。

表 6-3 铸件和压塑件的工艺结构及其表示方法

结构名称	作用及特点	图例
壁厚	零件的壁厚应基本均匀或逐渐地过渡，以避免压制或浇铸后在凝固过程中产生缩孔、变形或裂纹	合理 合理 不合理

（续）

结构名称	作用及特点	图例
圆角	为便于铸件造型,避免浇铸时铁水将砂型转角处冲毁,或者在铸件转角处产生裂纹,零件上相邻表面的相交处均应以圆角过渡;压制压塑件时,圆角能保证原料充满压模,并便于将零件从压模中取出	合理 不合理 （未经切削加工的铸件）
起模斜度	为了使铸件在造型时便于起模,使压塑件容易脱模,零件表面沿起模或脱模方向应有适当的斜度,当这种斜度无特殊要求时,图上可以不表示	无特殊要求时 有一定结构要求时
箱座类零件底面上的凹槽	为了使箱座类零件的底面在装配时接触良好,应合理地减少接触面积,这样的结构还可减少铸件加工面积,节省加工费用	仰视图 主视图 合理 合理 不合理
铸件上的凸台和凹坑	为了使螺栓、螺母、垫圈等螺纹紧固件或其他零件在装配时与相邻铸件表面接触良好,并减少加工面积,或者为了使钻头在钻孔时不致偏斜或折断,常在铸件上制出凸台、凹坑或锪平等结构	凸台 凹坑 锪平 不合理 合理 合理

当零件表面的相交处用小圆角过渡时，交线不明显，但为区分不同表面，便于读图，仍用细实线画出交线的投影，这种线称为过渡线，过渡线的画法如图 6-6 所示。

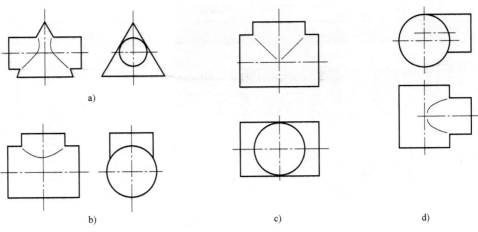

a)

b)

c)

d)

图 6-6 过渡线的画法

119

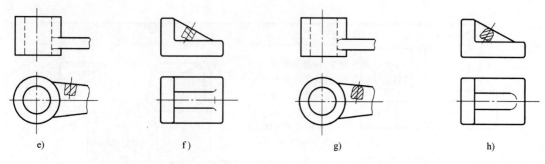

e) f) g) h)

图 6-6 过渡线的画法（续）

3. 其他常见结构及尺寸注法

零件上常见的倒角、圆角和退刀槽的结构及尺寸标注见表 6-4，常见孔类型及尺寸标注见表 6-5。

表 6-4 零件常见工艺结构及尺寸标注

结构名称	说明	图例
倒角	为了便于装配和保护装配面，零件的尖角处要倒角。当倒角为 45° 时，尺寸注法可以简化；而非 45° 的倒角不能这样简化	C2 ··· C2
圆角	为了避免因应力集中而产生裂纹，铸件轴肩处往往倒出圆角	R2
螺纹退刀槽和砂轮越程槽	在加工外圆、内孔及螺纹时，为了避免刀具退出切削时损伤邻近表面，保证加工段的精度，通常在加工段的末端先加工出螺纹退刀槽或砂轮越程槽	2×φ8 φ8 R0.5 2 2×1 退刀槽

表 6-5 零件常见孔类型及尺寸标注

孔类型		普通注法	旁注法	俯视图旁注法
沉孔	柱孔	φ28 / 10 / φ17	φ17 ⌴φ28▽10	φ17 ⌴φ28▽10
	锥孔	90° / φ32 / φ17	φ17 ⌴φ32×90°	φ17 ⌴φ32×90°

（续）

孔类型		普通注法	旁注法	俯视图旁注法
沉孔	锪孔			

4. 冲压件和压塑嵌接件

冲压件、压塑嵌接件和注塑零件等常应用于电子工业产品领域，注塑零件除了采用非金属材料的剖面符号外，其余表达方法与一般零件相同。下面简要介绍冲压件和压塑嵌接件的图示特点。

（1）冲压件　工业产品中的底板、支架，有些是用板材剪裁、冲孔再冲压成形的。这类零件的弯折处一般采用圆角过渡，板面上冲有若干孔和槽。

冲压件在图样表达上有如下特点：

■ 板材上的通孔在不致引起读图困难时，只将反映其实形的视图画出，而在其他视图中只画轴线，如图 6-7 所示。

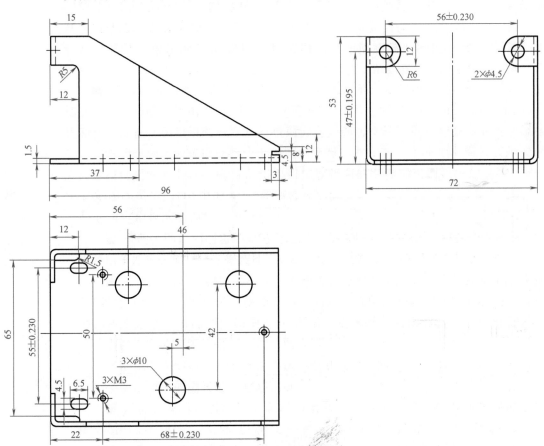

图 6-7　电容器支架的零件图

■ 在表达冲压件时，可根据需要采用展开图，零件的尺寸可标注在展开图中。在展开图上方应注写"展开图"字样，如图 6-8 所示；若零件形状简单，展开图可与基本视图结合使用，如图 6-9 所示。展开图中，弯曲区域的中间位置应

121

该用细实线画出弯折线，如图 6-9 所示。

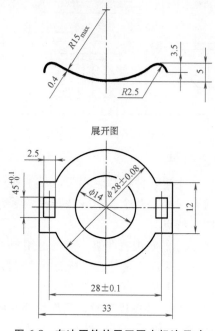

图 6-8　在冲压件的展开图中标注尺寸

■ 由于板材厚度在弯曲或拉延后发生变化，因此只能标注板厚和根据设计要求必须保证的内轮廓或外轮廓尺寸，不能同时标注内、外轮廓尺寸，如图 6-10 所示。对于弯曲部位的过渡圆角，则标注内圆角半径，如图 6-11 所示。

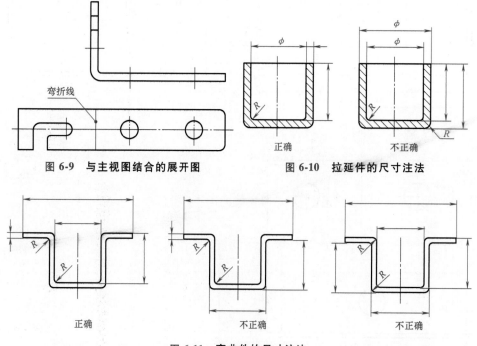

图 6-9　与主视图结合的展开图　　　　图 6-10　拉延件的尺寸注法

图 6-11　弯曲件的尺寸注法

（2）压塑嵌接件　许多压塑件中需要嵌装轴套、螺钉、螺母等金属零件，例如收音机上的旋钮就属于这类零件。在压制压塑件前，应将金属零件放在模具内，从而形成不可拆整体。

压塑嵌接件在图样表达上有如下特点：

■ 在剖视图中，对于压制成形后不再进行加工的金属嵌接件只需画出外形，以表示其位置，需要标注定位尺寸。嵌接件应另有零件图进行表达。

■ 在视图中必须对每个零件标注序号，并编写明细栏。

图 6-12 所示为印制板导轨的零件图。

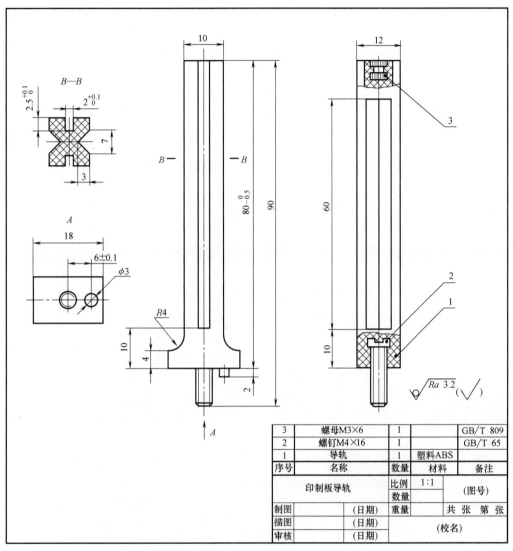

3	螺母M3×6	1		GB/T 809
2	螺钉M4×16	1		GB/T 65
1	导轨	1	塑料ABS	
序号	名称	数量	材料	备注

印制板导轨の零件图

图 6-12　印制板导轨的零件图

6.3　装配图的画法及其特殊规定

本节内容主要依据 GB/T 16675.1—2012《技术制图　简化表示法　第 1 部分：图样画法》、GB/T 4458.1—2002《机械制图　图样画法　视图》编写，将介绍国家标准对装配图画法的一些规定，并将依据 GB/T 4458.2—2003《机械制图　装配图中零、部件序号及其编排方法》、GB/T 10609.2—2009《技术制图　明细栏》介绍标题栏和明细栏的有关规定。

1. 装配关系的表达方法

为了清晰表达装配体中各零件的结构形状和零件间的连接关系，国家标准对装配画法提出了如下基本规定（图 6-1、图 6-13）：

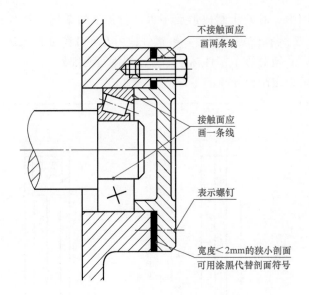

不接触面应
画两条线

接触面应
画一条线

表示螺钉

宽度＜2mm的狭小剖面
可用涂黑代替剖面符号

图 6-13 规定画法及简化画法

■ 两相邻零件的不接触表面画两条线（即使间隙很小），配合表面或接触表面只画一条线。

■ 相邻两金属零件按剖视图绘制时，剖面线的方向应相反。如果两个以上零件相邻，则改变第三个零件的剖面线间隔。同一零件的剖面线在各个视图中的方向、间隔必须一致。

■ 在装配图中，对于螺钉、螺栓等紧固件和一些实心零件，如轴、手柄、连杆、球、键、销等，当剖切平面通过其对称中心线或轴线时，这些零件按不剖绘制；若需要特别表明零件上的某些结构，如凹槽、键槽、销孔等，则可用局部剖视图的形式表示。

2. 装配关系的特殊画法

（1）沿零件结合面剖切或拆卸的画法 当某些需要表达的结构形状或装配关系在视图中被其他零件遮住时，可以假想沿某些零件的结合面选取剖切面，如图 6-1 所示的 A—A 剖切位置；也可以假想将某些零件拆卸后绘制视图，并加注说明（如拆去零件×等）。

（2）假想画法 当需要表示运动零件的极限位置时，可将运动件画在一个极限位置，而用细双点画线画出其另一个极限位置。例如图 6-1 所示，螺杆及其上的顶垫等画在最低位置，而用细双点画线画出了顶垫外形，表示它们的最高位置。

当需要表示其他相邻部件时，也可用细双点画线表示其相邻部分的轮廓。

（3）零件的单独表示法 当个别零件的某些结构或装配关系在装配图中还没有表示清楚而又需要表示时，可用视图、剖视图或断面图等单独表达某个零件的结构形状，但必须在视图上方注出相应的说明，如图 6-1 所示。

（4）夸大画法 在装配图中，薄垫片、小间隙、小锥度等结构按实际尺寸难以表达清楚时，允许将该部分不按原比例而是采用适当夸大的比例画出，如图 6-13 所示垫片的厚度采用夸大画法，并用涂黑方式代替剖面符号。

（5）简化画法 对于装配图中的螺栓连接等相同零件组，可以详细地画出一组或几组，其余只画中心线以表示出其装配位置，如图 6-13 所示。

零件的工艺结构，如圆角、倒角和退刀槽等，均可以省略不画。

3. 螺纹紧固件的装配画法

（1）螺栓连接　螺栓连接由螺栓、螺母和垫圈组成，常用于零件的被连接部分不太厚的场合。

螺栓连接的装配图，一般根据公称直径 d 按比例绘制，推荐的比例画法如图 6-14 所示。必要时也可以查表后按实际尺寸绘制。

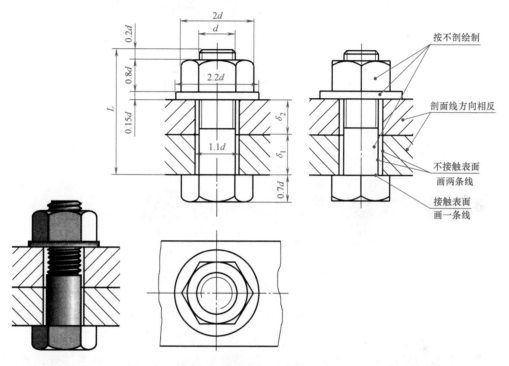

图 6-14　螺栓连接的装配画法

如图 6-14 所示，螺栓有效长度的估算值 $L=\delta_1+\delta_2+0.15d+0.8d+0.2d$。可根据估算值附录中的表 B-1，在螺栓长度系列中选取最接近且大于估算值的标准数值。

（2）螺柱连接　螺柱连接由螺柱、垫圈和螺母组成。当被连接的下部零件较厚，不宜钻出通孔，或者由于结构上的原因不能用螺栓连接时，可采用螺柱连接。

螺柱的两端均加工有螺纹，一端全部旋入被连接零件的螺纹孔中，称为旋入端，其长度用 b_m 表示，另一端用螺母旋紧，称为紧固端。国家标准规定了不同材料的旋入端长度，见表 6-6。

表 6-6　旋入端长度

被旋入零件的材料	旋入端长度	国家标准编号
钢、青铜	$b_m = d$	GB/T 897—1988
铸铁	$b_m = 1.25d$	GB/T 898—1988
	$b_m = 1.5d$	GB/T 899—1988
铝	$b_m = 2d$	GB/T 900—1988

采用螺柱连接两零件时，下部零件上加工出不通的螺纹孔，上部零件上钻出略大于螺柱直径的通孔。装配时，先将螺柱的旋入端拧入下部零件的螺纹孔，直到旋紧为止；然后，在紧固端套上垫圈，再拧紧螺母。

螺柱连接的装配图一般也采用比例画法，如图 6-15 所示，必要时也可查表后按实际尺寸绘制。

螺柱有效长度的估算值 $L = \delta + 0.15d + 0.8d + 0.2d$。可根据估算值查附录中的表 B-2，在螺柱长度系列中选取与估算值最接近且大于估算值的标准数值。

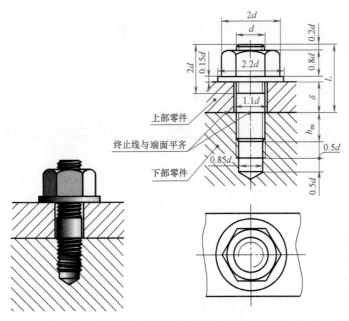

图 6-15 螺柱连接的装配画法

（3）螺钉连接 螺钉连接不用螺母、垫圈，而是把螺钉直接旋入下部零件的螺纹孔中，通常用于受力不大和不需要经常拆卸的场合。

采用螺钉连接的被连接零件中，下部零件加工出螺纹孔，上部零件开通孔。螺钉头部有各种不同形状，图 6-16 所示为采用比例画法的开槽圆柱头螺钉连接的装配画法。

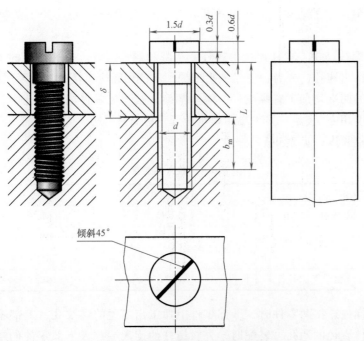

图 6-16 开槽圆柱头螺钉连接的装配画法

螺钉有效长度的估算值 $L=\delta+b_m$。其中，b_m 由被旋入零件的材料确定（与螺柱相同），然后由附录中的表 B-3、表 B-4，在相应的螺钉长度系列中选取与估算值最接近且大于估算值的标准数值。

4. 装配图的尺寸标注

装配图不是制造零件的直接依据，所以装配图中不必注出每个零件的全部尺寸，而只需标注以下几种尺寸。

（1）规格尺寸　规格尺寸是指表示产品性能、规格和特征的尺寸，是设计的主要依据，也是用户选用的依据，如图 6-1 所示螺杆的直径 $\phi 50mm$。

（2）装配尺寸　装配尺寸包括有配合要求的零件之间的配合尺寸、装配时需要现场加工的尺寸（如定位销配钻等），以及对产品的工作精度有影响的相对位置尺寸。配合尺寸除注出基本尺寸外，还需注出其公差配合的代号，以表明配合后应达到的配合性质和精度等级。如图 6-1 所示，螺套与底座的配合尺寸 $\phi 65H9/h8$ 表明二者之间采用基孔制的间隙配合，孔的基本偏差为 H，公差等级为 9 级；轴的基本偏差为 h，公差等级为 8 级。

（3）安装尺寸　安装尺寸是指产品在总装或组装时所需的安装用尺寸。例如，吸顶灯灯座上设计有与屋顶连接用的螺纹孔，螺纹孔的大小、数量及位置尺寸就属于安装尺寸。

（4）外形尺寸　外形尺寸表示产品总体的长、宽、高。它是包装、运输和安装等所需的尺寸，如图 6-1 所示的 225mm 和 135mm×135mm。

（5）其他重要尺寸　其他重要尺寸指不属于上述尺寸，但设计或装配时需要保证的尺寸，如图 6-1 所示高度方向的极限位置尺寸 275mm。

必须指出，上述五种尺寸并不是每张装配图上都全部具有，而且有时装配图上的一个尺寸兼有几种意义。因此，应根据具体情况来考虑装配图上的尺寸标注。

5. 装配图中的序号及明细栏

为了便于读图、组织生产、管理图样，需在装配图上对每个不同的零件（或部件）进行编号，并在标题栏上方或在单独的图纸上填写与图中编号一致的明细栏。

（1）序号及编排方法　序号即零件的编号，其编排应遵循如下规定：

■ 装配图中所有零件（或部件）都必须编写序号。形状、尺寸、材料完全相同的零件（或部件）应编写同样的序号，而且一般只标注一次。

■ 装配图中编写零件（或部件）序号的形式，可采用图 6-17a 所示形式中的一种。序号字高比该装配图中所注尺寸数字大一号或两号；指引线、水平短线及小圆的线型均为细实线。

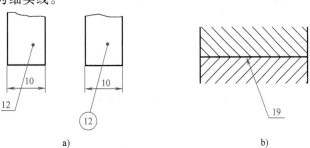

a)　　　　　　　　　　　　　　　　b)

图 6-17　序号标注形式及指引线末端形式

■ 序号的指引线应自所指零件（或部件）的可见轮廓内引出，并在末端画一圆点，如图 6-17a 所示。当所指部分内不便画圆点时，指引线末端可采用箭头，并指向该部分的轮廓，如图 6-17b 所示。指引线相互之间不能相交，通过剖面线时不应与剖面线平行。

■ 装配图中的序号应按顺时针或逆时针方向顺次排列在水平或竖直方向上，如图 6-1 所示。

■ 一组螺纹紧固件或装配关系清楚的零件组可采用公共指引线。图 6-18 所示为公共指引线的几种形式。

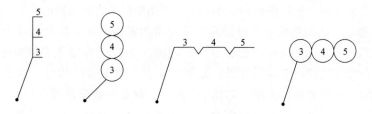

图 6-18　公共指引线

（2）明细栏　在装配图中，明细栏直接画在标题栏上方，如果空间不够，可继续贴紧标题栏画在其左侧。一般将明细栏表头栏线和竖栏线用粗实线绘制，内横栏线和顶线用细实线绘制。零件序号自下向上填写，明细栏中的编号与装配图上所编序号必须一致。

明细栏的内容和格式在国家标准（GB/T 4458.2—2003、GB/T 10609.2—2009）中已有统一规定，但学习中建议采用图 6-19 所示的格式。

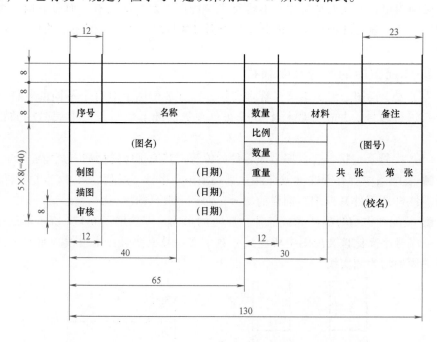

图 6-19　标题栏和明细栏格式

图 6-20 所示为电动吸尘器的装配图，请读者自行体会其视图表达、尺寸标注、零件编号、标题栏和明细栏等内容。

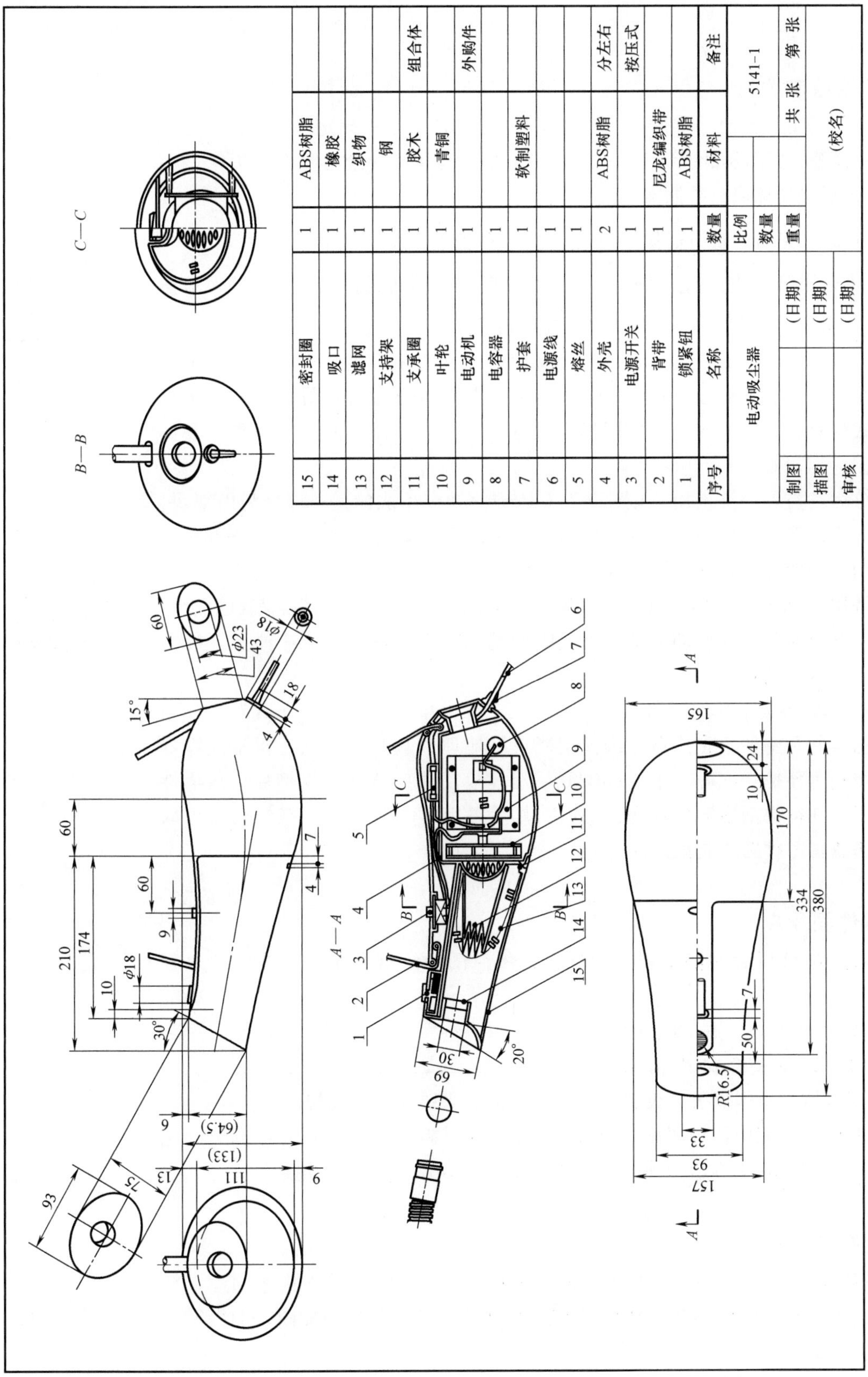

序号	名称	数量	材料	备注
15	密封圈	1	ABS树脂	
14	吸口	1	橡胶	
13	滤网	1	织物	
12	支持架	1	钢	组合体
11	支承圈	1	胶木	
10	叶轮	1	青铜	
9	电动机	1		外购件
8	电容器	1		
7	护套	1	软制塑料	
6	电源线	1		
5	熔丝	1		
4	外壳	2	ABS树脂	分左右
3	电源开关	1	尼龙编织带	按压式
2	背带	1	ABS树脂	
1	锁紧钮			

电动吸尘器

			比例		5141-1
制图	(日期)		数量		第 张
描图	(日期)		重量		共 张
审核	(日期)		(校名)		

图 6-20 电动吸尘器的装配图

129

6.4　用 AutoCAD 绘制零件图和装配图

1. 常用绘制方法

（1）正交点画线绘制　零件图和装配图的绘制都需要最先确定尺寸基准，绘制正交的中心线等，以图 6-21 所示简单图形为例，正交点画线的绘制方法有以下几种：

■ 输入端点坐标值，绘制点画线。

■ 在状态栏单击"栅格捕捉"按钮 调用该辅助绘图功能绘制点画线。

■ 在状态栏单击"正交"按钮 调用正交辅助绘图功能，或者单击"对象捕捉"按钮 并选择"圆心"捕捉模式绘制点画线。

图 6-21　轴线的绘制

（2）图块组合法　绘制零件图和装配图时，通常将粗糙度图形符号定义为图块来提高绘图效率，这种方法称为图块组合法。图块组合法就是将一些基本图形以图块形式保存，在需要使用这些图形的地方像贴图一样插入使用（操作步骤详见演示视频，扫码观看）。

图块分为两类：一类是用"创建块"（Block）命令生成的，一般称为内部块，它只存在于当前图形文件中，仅供当前图形调用；另一类是用"写块"（Wblock）命令生成的，一般称为外部块，可以被其他图形文件调用。

可以调用"插入块"（Insert）命令调用已生成的图块，并将其插入到指定的位置。插入图块时的插入点即为定义图块时的基点，所以图块基点应注意选择为一个具有定位特征的点。

操作演示
常用绘制方法

（3）立体剖切法　零件图和装配图可以从三维模型转换而来，尤其对于复杂结构形状的零件和部件，先构造三维模型能更好地理解其结构形状，再生成零件图和装配图较为便捷、准确。用 AutoCAD 三维建模功能构造实体模型后，按零件表达的需要，在欲取剖视的位置作剖切面，然后再用第 3 章所述从三维模型提取视图的方法获得零件图或装配图。

2. 零件图绘制

下面以图 6-22 所示的浴室挂钩为例介绍零件图的绘制方法，具体作图过程如下：

■ 设置图幅界限。在命令行窗口输入"Limits"命令将右上角点设置为"（297，210）"，即创建 A4 横放图幅。

■ 图层设置。根据需要，设置粗实线层、细实线层和中心线层。

■ 绘制图形。调用各种图形绘制命令分别绘制挂钩面盖、挂钩衬板和紧固螺钉的零件图，如图 6-23 所示，并分别用"写块"命令定义为外部块。

3. 绘制装配图

在各零件的零件图已保存为外部块的基础上，可以调用"插入块"命令，结合"对象捕捉"辅助绘图功能，来将基点插入到指定位置形成装配图，即由零件图组装成装配图。

下面以图 6-22 所示的浴室挂钩为例介绍装配图的绘制方法，具体作图过程如下：

130

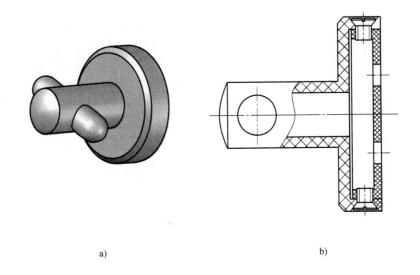

a)　　　　　　　　　　　　　　　　b)

图 6-22　浴室挂钩

a）实体模型　b）挂钩装配图

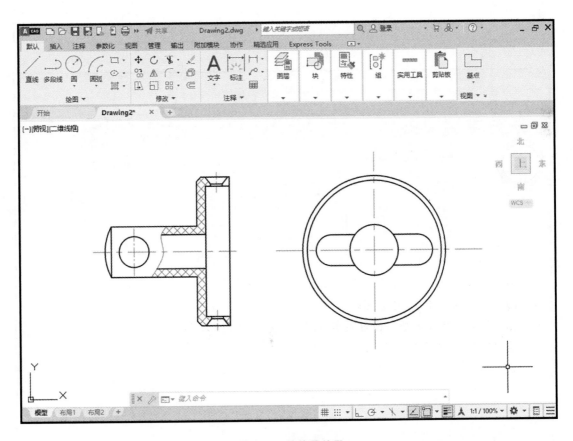

图 6-23　挂钩零件图

a）挂钩面盖

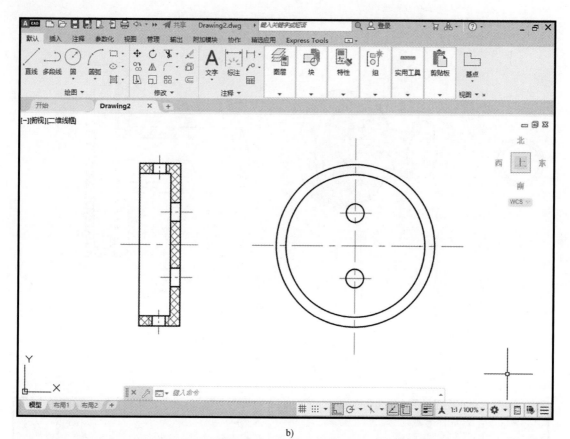

b)

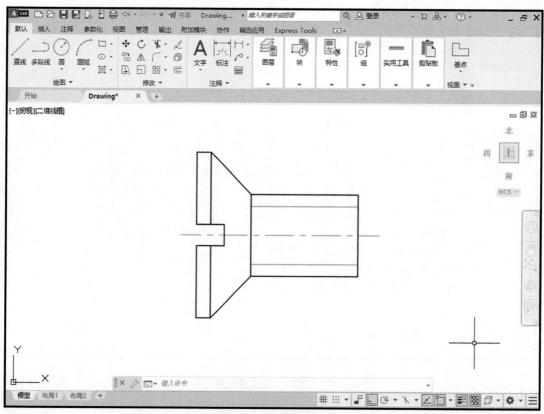

c)

图 6-23 挂钩零件图

b）挂钩衬板　c）紧固螺钉

■ 打开主体零件零件图。打开"挂钩面盖"文件。

■ 插入图块。在功能区单击"插入块"按钮，或者在命令行窗口输入"Insert"命令调用"插入块"命令，在弹出的对话框中选择"挂钩衬板"文件，将挂钩衬板图形插入到指定的位置。

■ 镜像组装对称零件。按与上一步骤相同的方法插入紧固螺钉图形。由于紧固螺钉有两个，可以先插入一个，再调用"镜像"命令得到另一个，结果如图 6-24a 所示。

■ 分解和修剪。调用"分解"命令分解图形，调用"修剪"命令修剪多余图线，即得到挂钩装配图，如图 6-24b 所示。

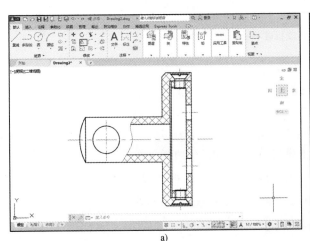
a)

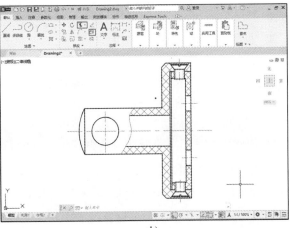
b)

图 6-24　挂钩装配图

a）插入零件，镜像组装对称零件　b）分解和修剪后的装配图

4. 尺寸标注和技术要求标注

常用尺寸标注命令见附录 A 中的表 A-5。现以对图 6-25 所示图形进行尺寸标注和技术要求标注为例，具体标注过程如下：

■ 设置标注样式。在功能区单击"标注样式"按钮，或者在命令行窗口输入"Dimstyle"调用"标注样式"命令，均可打开"标注样式管理器"对话框。单击"修改"按钮打开"修改标注样式"对话框，合理设置箭头样式等，如图 6-26 所示。切换到"文字"选项卡将字体高度设为 4，尺寸单位精度设置为整数。

技术要求

未注圆角R2。

图 6-25　尺寸标注

■ 标注线性尺寸和角度尺寸。

在状态栏单击"线性"按钮进行线性尺寸标注，借助对象捕捉功能，捕捉欲标注尺寸的线段端点，标注出相应尺寸。标注尺寸 $\phi20$、$\phi34$ 时，应注意在输入文字时，在数字前加"%%C"以生成直径符号。再调用"基线"命令标注线性尺寸 5、22，调用"角度"命令标注角度尺寸 120°。

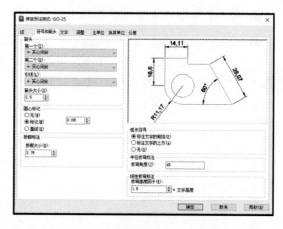

图 6-26　"修改标注样式"对话框

■ 标注公差尺寸。调用"标注样式"命令打开"标注样式管理器"对话框，新建标注样式并命名为"公差"。单击"修改"按钮打开"修改标注样式"对话框，在"公差"选项卡的"上偏差"文本框中输入"-0.012"，在"下偏差"文本框中输入"-0.020"。调用"线性"命令，选中"公差"样式即可标注公差尺寸 $\phi28^{-0.012}_{-0.020}$。

■ 创建引线注释。引线注释是由箭头、直线和注释文字组成的。在功能区单击"多重引线"按钮，或者在命令行窗口输入"Mleader"调用"多重引线"命令，均可打开"多重引线样式管理器"对话框。单击"修改"按钮打开"修改多重引线样式"对话框，合理设置引线样式，如图 6-27 所示。接着便可单击按钮，结合交点捕捉模式标注尺寸 $C1$。

■ 标注表面粗糙度。用图形绘制命令绘制表面粗糙度符号，调用"创建块"命令将其定义为块，并通过在命令行窗口输入"Attdef"命令打开"属性定义"对话框，定义表面粗糙度值为块的属性。调用"插入块"命令插入表面粗糙度块到指定位置。

■ 标注技术要求文字。调用"多行文字"（Mtext）命令注写左下角技术要求文字。

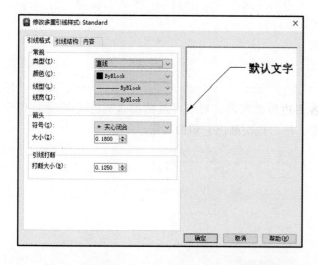
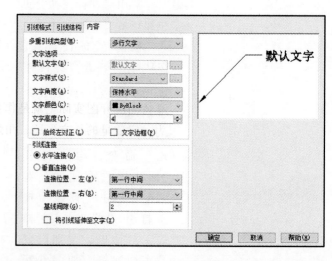

a)　　　　　　　　　　　　　　　　　　　b)

图 6-27　"修改多重引线样式"对话框

a)"引线格式"选项卡　b)"内容"选项卡

134

第7章
展开图与焊接图

7.1　展开图的概念和画法

1. 基本知识

（1）展开图的概念　将物体的表面按实际形状和大小，依次摊平在一个平面上，所得到的展开图样称为展开图，如图 7-1 所示。展开图在展示设计、包装装潢设计，以及机械、建筑、电子、造船、化工等领域应用广泛。

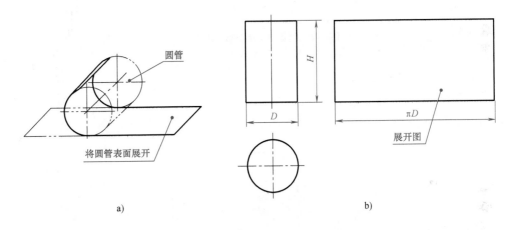

圆管

将圆管表面展开

a)

H

D

πD

展开图

b)

图 7-1　圆管的视图与展开图

a）展开图的形成　b）形成的展开图

（2）可展面和不可展面　工程上应用的薄板制品种类繁多，但表面不外乎平面和曲面两种。根据其能否展成平面，又分为可展面和不可展面两类。

■ 可展面指那些相邻两素线位于同一平面上的立体表面，例如，平面立体的表面，以及各种柱面、锥面等均为可展面。平面立体的表面均为平面多边形，作立体的展开图实际上就是作各多边形的实形。对于可展曲面，通常是将曲面划分为一定数量的长方形或三角形，然后依次画出它们的实形。

■ 不可展面指那些以曲线为母线的曲面（如圆环面、圆球面），以及以直线为母线但相邻两素线交叉的直线面（如螺旋面）。对于不可展面，其展开图只能采用近似画法，如采用若干与其接近的可展曲面或平面来代替。

2. 展开图画法

（1）包装盒的展开图画法　在包装装潢设计界，设计师借助卡纸、瓦楞纸或其他材料的弹性和强度，创意出各异的造型款式。展开图的外轮廓线采用粗实线；折叠线根据需要分内向折与外向折，内向折用细实线表示，外向折用细虚线表示。

别插式包装盒和纸制叩地式盒盖为设计中常见的包装形式。图 7-2 和图 7-3 所示为两种设计中常见的展开图实例。

■ 别插式包装盒折叠后需粘接，故应加出一定宽度的搭接边，如图 7-2 所示。搭接边的位置、数量及形状与材料的强度、可加工性及经济性等因素有关。

■ 纸制叩地式盒盖有向内折的部分，用细虚线画出，如图 7-3 所示。

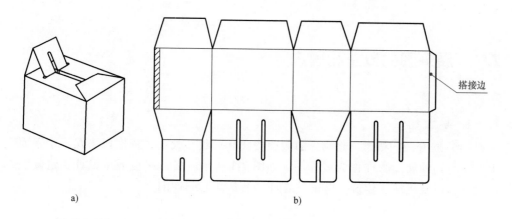

搭接边

图 7-2　别插式包装盒的展开图
a）立体图　b）展开图

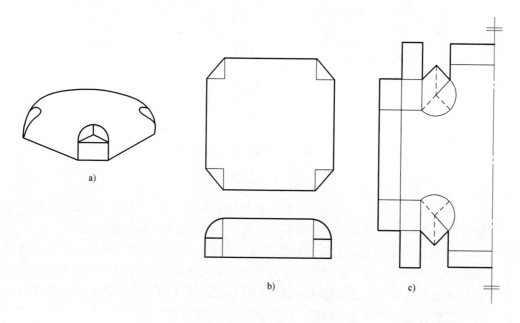

图 7-3　纸制叩地式盒盖的展开图
a）立体图　b）视图　c）展开图

（2）角钢内弯矩形框的展开图画法　角钢是型材的一种，型材构件展开下料的方法一般可分为两种：

■ 根据图样视图的已知尺寸，通过板厚（t）处理计算出展开料的实际长度及切角尺寸，然后直接在型材上划线，如图 7-4 所示。

■ 先用已知尺寸画出构件的放样图，再在薄板上画出型钢外侧表面的展开图，并制成样板，然后将样板弯折，放在型材表面上，在型材上划线下料，如图 7-5 所示。

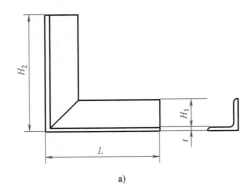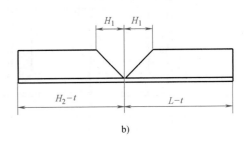

a)　　　　　　　　　　　　　　　　　　　　　　　　　　b)

图 7-4　直接划线法

a）角钢内弯矩形框视图　b）在型材上直接划线放样得到展开图

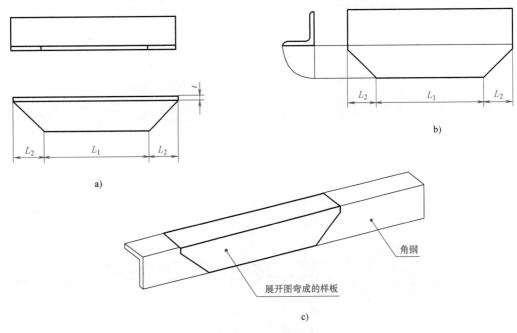

a)　　　　　　　　　　　　　　　　　　　　　　　　b)

c)

图 7-5　样板划线法

a）构件视图　b）在薄板上画出角钢外侧表面展开图　c）在型材上划线下料

　　图 7-6a 所示角钢内弯矩形框的两上角为圆角，两下角为直角，展开图的具体画法如图 7-6b 所示。

　　由图 7-6 可知，圆角弧长

$$S = \frac{\pi}{2}\left(L_2 - \frac{t}{2}\right), \quad \widehat{f'g'} = \widehat{g'h'} = \frac{\pi}{4}\left(L_2 - \frac{t}{2}\right)$$

H 边下料长度

$$H_{bc} = H - t - L_2 + \frac{S}{2}$$

L 边下料长度

$$L_{cd} = L_1 - 2L_2 + S, \quad L_{be} = L_1 - 2t$$

展开料全长

$$L = 2H_{bc} + L_{cd} + L_{be}$$

　　（3）异径三通管的展开图画法　图 7-7a 所示为异径三通管。其表面可看作由两个不同直径的圆柱面垂直相交而成。在画展开图前，首先要在投影图上准确画出两圆柱面相贯线的投影，以确定两圆柱面的范围和两圆柱面上各素线的实长，然后以相贯线为界分别作出两圆柱面的展开图（图 7-7b、c）。设大小圆柱的直径分别为

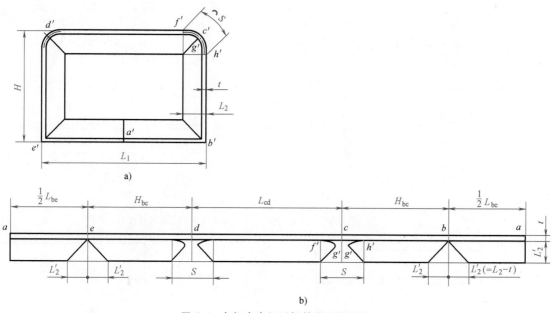

图 7-6 角钢内弯矩形框的展开图画法

a) 视图 b) 展开图

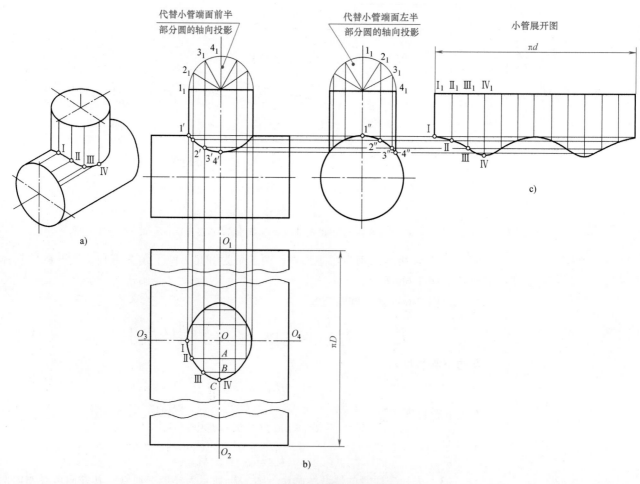

图 7-7 异径三通管的展开图画法

D 和 d。为作图方便，将大圆管展开图画在主视图正下方，由于图面限制，采用断裂画法。先在矩形上作相贯线的对称轴线 O_1O_2 和 O_3O_4，两轴线交于 O 点，在

O_1O_2 上取 A、B、C 各点，使 $OA = \overset{\frown}{1''2''}$，$AB = \overset{\frown}{2''3''}$，$BC = \overset{\frown}{3''4''}$，然后过 A、B 各点作大圆柱素线的平行线，在对应主视图中相贯线上各点的投影，定出 Ⅰ、Ⅱ、Ⅲ、Ⅳ等。同理可求得其余各点，顺次光滑连接各点，即得大管展开图。小管展开图放在左视图的右边，利用"高平齐"原理在小圆柱面的等分素线上求出对应点，从而完成展开图。

（4）球面的展开图画法　球面一般采用柱面近似展开法作展开图。这种方法假想用过球心的铅垂面将球面等分成若干小片，每一片用一个形状相似的圆柱面代替。如将球面 12 等分，整个球面的展开图就是由 12 个叶片组成的图形，具体作法如图 7-8 所示。

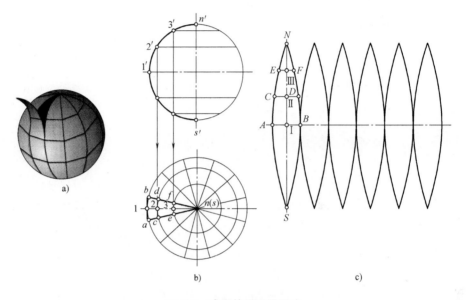

图 7-8　球面的展开图画法

（5）等径直角弯管的展开图画法　图 7-9a 所示的等径直角弯管用于连接两垂

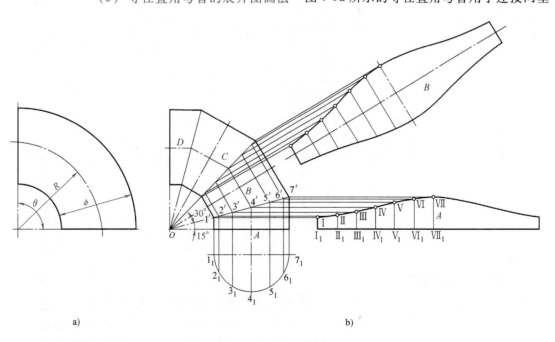

图 7-9　等径直角弯管的展开图画法

直相交的圆管，其表面为 1/4 圆环面，理论上属于不可展曲面。在工程实际中，常用多节圆柱面组合来近似替代圆环面。图 7-9b 所示为用四节斜截圆柱面近似地展开 1/4 圆环面的方法。各节圆柱直径相等，其中 B、C 两节大小相等，A、D 两节大小相等。A、D 两节对接恰好等于中间节 B、C 的大小，所以它们所对中心角分别为 30° 和 15°。制造时，将各节分别展开，然后焊成一体。

（6）锥形接头的展开图画法　锥形接头由竖直圆锥管和倾斜圆锥管组成，如图 7-10 所示。可先将锥面分别展开成扇形，再在扇形内作等分线，求投影点，从而得到展开图，具体作图方法如图 7-11 所示。

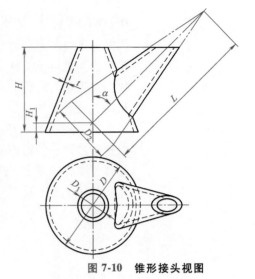

图 7-10　锥形接头视图

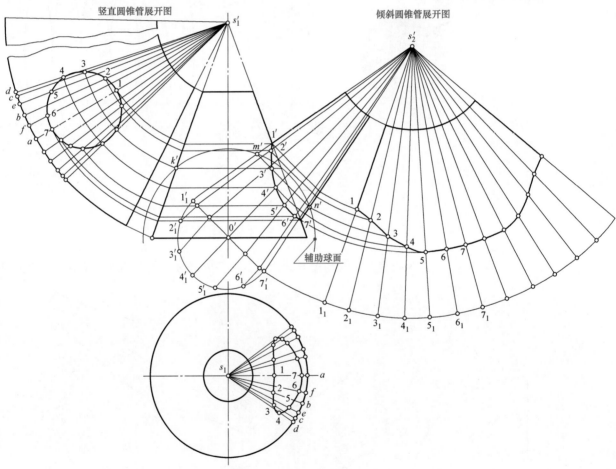

图 7-11　锥形接头的展开图画法

3. 板壳类器具设计注意事项

（1）表面的可展性　不可展曲面不仅绘制不出准确的展开图，即使有合适的展开图，在卷曲和弯制过程中也必然会产生扭曲，增加制作难度，所以应尽量选用可展曲面作为板壳类器具的表面。在可展曲面中，切线曲面的展开和制作较复杂，在没有特别需要时，最好选用柱面或锥面。

140

（2）表面的圆滑性　当板壳类器具表面由几个曲面组成，或由曲面和平面混合组成时，应使相邻表面间光滑过渡，即要求两曲面在分界处相切，不产生折棱或交线。

（3）简化结合线　绘制展开图时，两曲面结合线的作图烦琐且易出错。在条件允许的情况下，应尽量使结合线为平面曲线，利用平面曲线的投影有可能是直线这一性质简化作图，提高作图精度。

（4）制作简便　当构件制造精度要求不高时，可考虑采用可展性差，但制作简便的曲面。

7.2　焊接图的有关规定和标注

1. 概述

将两个被连接的金属件，用电弧或火焰在连接处进行局部加热，并采用填充熔化金属或加压等方法使其熔合在一起的过程称为焊接，焊接后形成的接缝称为焊缝。

焊接具有工艺简单、连接可靠、节省金属、劳动强度低等优点，因此工业生产中大多数板材制品都采用焊接方法来加工。焊接属于不可拆连接。

常见的焊接接头和焊缝形式有对接、搭接、角接和 T 形接等，如图 7-12 所示。

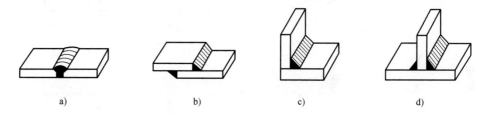

　　a)　　　　　　　　b)　　　　　　　　c)　　　　　　　　d)

图 7-12　焊接接头和焊缝形式的形式

a）对接　b）搭接　c）角接　d）T 形接

2. 焊缝表示法

国家标准对在图样上如何表示焊缝作了具体规定，具体有 GB/T 324—2008《焊缝符号表示法》、GB/T 985.1—2008《气焊、焊条电弧焊、气体保护焊和高能束焊的推荐坡口》、GB/T 985.2—2008《埋弧焊的推荐坡口》、GB/T 12212—2012《技术制图　焊缝符号的尺寸、比例及简化表示法》和 GB/T 50105—2010《建筑结构制图标准》。

（1）焊缝画法　焊缝画法如图 7-13 和图 7-14 所示。表示焊缝的一系列细实线段允许示意绘制，也允许采用加粗线（$2d \sim 3d$）表示焊缝，如图 7-15 所示。但在同一图样中，只允许采用一种画法。

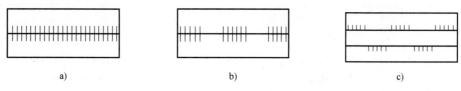

　　a)　　　　　　　　　　b)　　　　　　　　　　c)

图 7-13　焊缝画法（一）

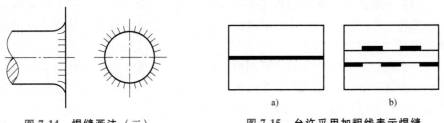

图 7-14　焊缝画法（二）　　　　图 7-15　允许采用加粗线表示焊缝

（2）焊缝符号　在技术图样或文件上需要表示焊缝或接头时，推荐采用焊缝符号。必要时，也可采用一般的技术制图方法表示。

焊缝符号应清晰表述所要说明的信息，不使图样增加更多的注解。

完整的焊缝符号包括基本符号、指引线、补充符号、尺寸符号及数据等。为了简化，在图样上标注焊缝时通常只采用基本符号和指引线，其他内容一般在有关的文件（如焊接工艺规程等）中明确。

常见的表示焊缝横截面形状的符号（即焊缝的基本符号）及标注示例见表 7-1。

表 7-1　常见焊缝的基本符号及标注示例

名称	焊缝形式	基本符号	标注示例
I 形焊缝		‖	
V 形焊缝		∨	
单边 V 形焊缝		∨	
角焊缝		△	
带钝边 U 形焊缝		Y	
封底焊缝		⌣	

表 7-2 是补充符号及标注示例。

表 7-2　补充符号及标注示例

名称	符号	形式及标注示例	说明
永久衬垫	$\boxed{M}$		表示 V 形焊缝的背面底部有垫板。□内注写"M"表示衬垫永久保留；注写"MR"表示衬垫在焊接完成后拆除
临时衬垫	$\boxed{MR}$		
三面焊缝	$\sqsubset$		表示工件三面带有焊缝，开口方向与实际方向一致
周围焊缝	○		表示沿着工件周边施焊的焊缝
现场焊缝	◤		表示在现场或工地上施焊的焊缝
尾部	$<$	5△250 ◁ 4	可以在该符号后标注所需信息，这里表示有 4 条相同的角焊缝。尺寸标注表示了焊脚尺寸为 5mm，焊缝长为 250mm

焊缝标注中的指引线如图 7-16 所示，由箭头线和基准线（细实线和细虚线）组成。箭头应指在图样上的焊缝处，横线的上、下方用于标注各种符号和尺寸，横线一般应与图样的底边平行。

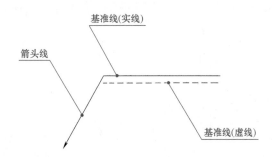

图 7-16　焊缝指引线的画法

当箭头指在焊缝的施焊面时，焊缝符号应标注在基准线的实线一侧；当箭头指在焊缝的施焊面的反面时，焊缝符号应注在基准线的虚线一侧。

（3）焊缝尺寸的标注位置　焊缝尺寸一般不予标注，如需标注，应随基本符号注在指定位置。标注规则如下：

■ 横向尺寸标注在基本符号的左侧。

■ 纵向尺寸标注在基本符号的右侧。

■ 坡口角度、坡口面角度、根部间隙标注在基本符号的上方或下方。

- 相同焊缝数量符号标在尾部（见表 7-2 中的尾部符号）。
- 当尺寸较多不易分辨时，可在尺寸数据前标注相应的尺寸符号。

3. 常用焊缝的标注方法

常用焊缝的标注方法见表 7-3。

表 7-3　常用焊缝的标注方法

接头形式	焊缝形式	标注示例	说明
对接接头	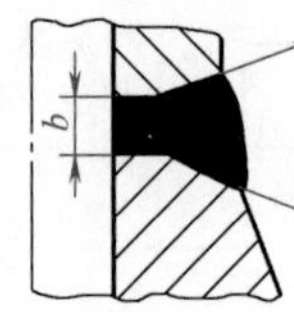	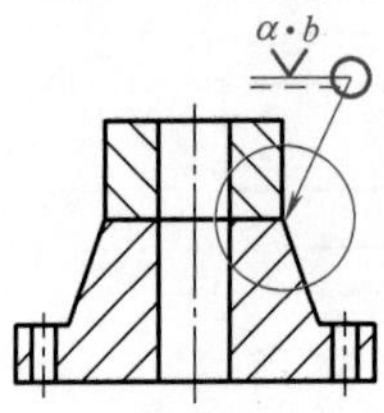	V 形焊缝；坡口角度为 α；根部间隙为 b；○ 表示沿着工件周边施焊
T 形接头	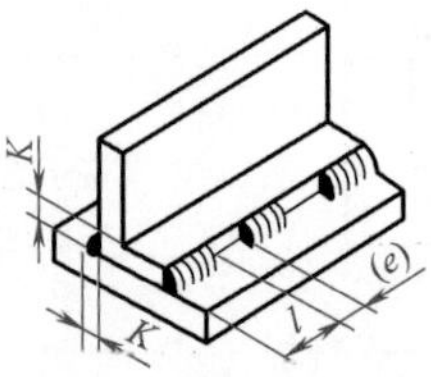	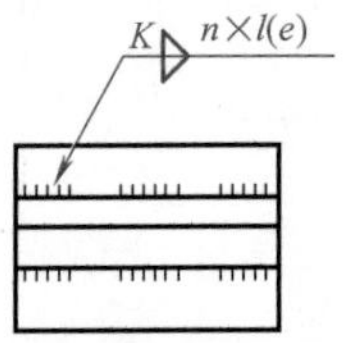	⊲ 表示双面角焊缝；K 表示焊脚尺寸；n 表示有 n 段焊缝；l 表示焊缝长度；e 表示焊缝间距
T 形接头		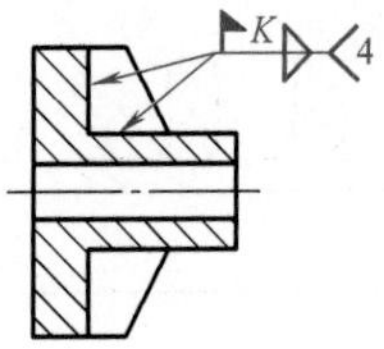	▸ 表示在现场装配时进行焊接；K 表示焊脚尺寸 ⊲ 表示双面角焊缝；4 表示有 4 条相同的焊缝
角接接头	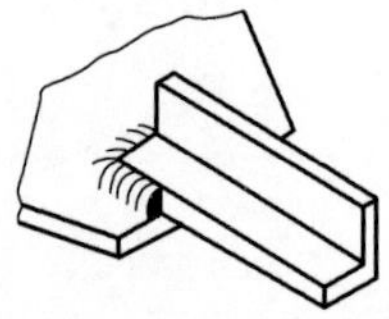	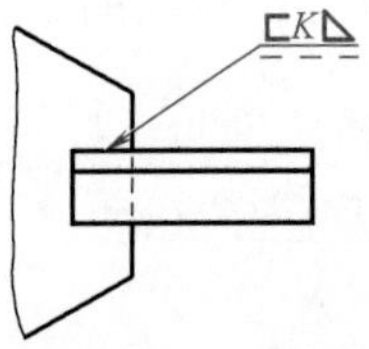	⊏ 表示按开口方向的三面焊缝；◿ 表示单面角焊缝；K 表示焊脚尺寸
角接接头		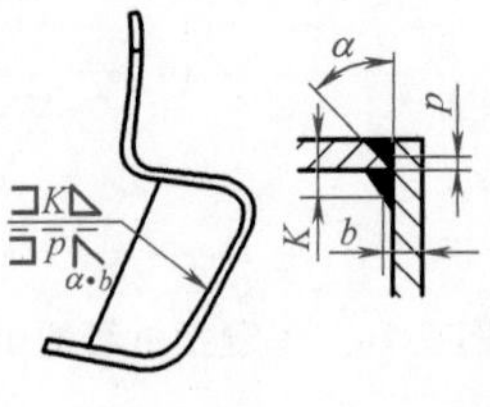	⊐ 表示三面焊缝；◿ 表示箭头侧为角焊缝；◹ 表示箭头另一侧为单边 V 形焊缝

4. 焊接装配图

下面以实例介绍焊接在装配图中的表示方法。图 7-17 所示为支架的焊接装配图，可以看出，支架是由零件 3（两根槽钢）、零件 4（两根角钢）和零件 1、5 三块钢板焊接而成的。

144

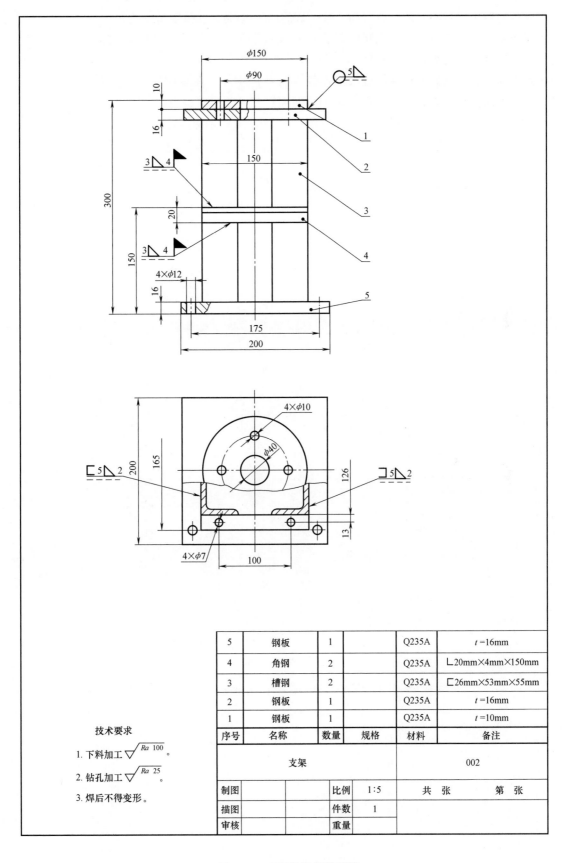

5	钢板	1		Q235A	$t =16$mm
4	角钢	2		Q235A	∟20mm×4mm×150mm
3	槽钢	2		Q235A	⊏26mm×53mm×55mm
2	钢板	1		Q235A	$t =16$mm
1	钢板	1		Q235A	$t =10$mm
序号	名称	数量	规格	材料	备注

支架			002	
制图		比例	1:5	共　张　　第　张
描图		件数	1	
审核		重量		

技术要求

1. 下料加工 $\sqrt{Ra\ 100}$。

2. 钻孔加工 $\sqrt{Ra\ 25}$。

3. 焊后不得变形。

图 7-17　支架的焊接装配图

　　俯视图上两处焊缝代号的"⊏"表示零件 3 与零件 2、5 之间均采用三面焊缝，焊缝的实际方向与符号的开口方向一致。焊缝高为 5mm，有两条角焊缝。

　　主视图中，零件 1 与零件 2 之间的焊缝符号表示零件 1 与零件 2 之间采用角焊缝，沿着零件 1 周边焊接，焊脚尺寸为 5mm。

　　零件 3 与零件 4 之间的焊缝符号表示零件 3 与零件 4 之间在装配现场采用角焊缝在上、下两面焊接，焊脚尺寸均为 3mm，两面均有 4 条焊缝。

第8章
建筑施工图

在建筑工程的实际建设中，首先要进行规划、设计，并绘制成图，然后照图施工。遵照建筑制图标准和建筑专业的习惯画法绘制建筑物的多面正投影图，并注写尺寸和文字说明的图样，称为建筑图。

建筑图包括建筑物的方案图、初步设计图（简称初设图）和扩大初步设计图（简称扩初图），以及施工图。

施工图根据其内容和各工种不同分为建筑施工图、结构施工图和设备施工图，本章主要讲述建筑施工图的内容。建筑施工图（简称建施图）主要用来表示建筑物的规划位置、外部造型、内部各房间的布置，以及内外装修、构造和施工要求等。它的内容主要包括施工总说明、总平面图、各层平面图、立面图、剖面图及详图。表8-1为某校教师中心的建筑施工图目录。

表 8-1　某校教师中心的建筑施工图目录

序号	图别图号	图纸名称
01	建施 01	底层平面图
02	建施 02	标准层平面图
03	建施 03	顶层平面图
04	建施 04	屋顶平面图
05	建施 05	①~⑬立面图，⑬~①立面图
06	建施 06	A—A 剖面图
07	建施 07	Ⓙ~Ⓐ立面图，Ⓐ~Ⓗ立面图
08	建施 08	B—B 剖面图，C—C 剖面图，D—D 剖面图
09	建施 09	1—1 剖面图，2—2 剖面图
10	建施 10	3—3 剖面图
11	建施—详—1	甲、乙楼梯详图，E—E 剖面图
12	建施—详—2	平面详图
13	建施—详—3	门窗表

8.1　建筑施工图的基础知识

本节内容主要依据 GB/T 50001—2017《房屋建筑制图统一标准》、GB/T 50104—2010《建筑制图标准》编写，将介绍图线及其画法、尺寸标注、标高、常用建筑材料图例等建筑施工图的基础知识。

1. 图线及其画法

建筑施工图采用的图线可分为实线、虚线、单点长画线、双点长画线、折断线和波浪线 6 种，其中，实线和虚线按宽度不同可分为粗、中粗、中、细 4 种，单点长画线和双点长画线按宽度不同又可分为粗、中、细 3 种，折断线和波浪线一般均为细线。各类线型的规格及用途见表 8-2。

表 8-2　各类线型的规格及用途

名称		线型	线宽	用途
实线	粗		b	1. 平、剖面图中被剖切的主要建筑构造(包括构配件)的轮廓线 2. 建筑立面图或室内立面图的外轮廓线 3. 建筑构造详图中被剖切的主要部分的轮廓线 4. 建筑构配件详图中的外轮廓线 5. 平、立、剖面的剖切符号
	中粗		$0.7b$	1. 平、剖面图中被剖切的次要建筑构造(包括构配件)的轮廓线 2. 建筑平、立、剖面图中建筑构配件的轮廓线 3. 建筑构造详图及建筑构配件详图中的一般轮廓线
	中		$0.5b$	小于 $0.7b$ 的图形线、尺寸线、尺寸界线、索引符号、标高符号、详图材料做法引出线、粉刷线、保温层线、地面、墙面的高差分界线等
	细		$0.25b$	图例填充线、家具线、纹样线等
虚线	粗		b	见各有关专业制图标准
	中粗		$0.7b$	1. 建筑构造详图及建筑构配件不可见的轮廓线 2. 平面图中的起重机(吊车)轮廓线 3. 拟建、扩建建筑物轮廓线
	中		$0.5b$	投影线、小于 $0.5b$ 的不可见轮廓线
	细		$0.25b$	图例填充线、家具线等
单点长画线	粗		b	见各有关专业制图标准
	中		$0.5b$	见各有关专业制图标准
	细		$0.25b$	中心线、对称线、轴线等
双点长画线	粗		b	见各有关专业制图标准
	中		$0.5b$	见各有关专业制图标准
	细		$0.25b$	假想轮廓线、成型前原始轮廓线
折断线	细		$0.25b$	部分省略表示时的断开界线
波浪线	细		$0.25b$	1. 部分省略表示时的断开界线,曲线形构间断开界线 2. 构造层次的断开界线

注：1. 应根据图样中所表示重点的不同,确定不同的粗细线型。例如,绘制总平面图时,新建建筑物采用粗实线,其他部分采用中实线和细实线;绘制管线综合图或铁路图时,管线、铁路采用粗实线。
　　2. 地平线宽可用 1.46。

　　每个图样,应根据复杂程度与比例大小,先选定基本线宽 b,再按表 8-3 确定适当的线宽组。在同一张图纸中,相同比例的各图样应选用相同的线宽组。虚线、单点长画线和双点长画线的线段长度和间隔,宜各自相等。

表 8-3 线宽组 （单位：mm）

线宽比	线宽组			
b	1.4	1.0	0.7	0.5
$0.7b$	1.0	0.7	0.5	0.35
$0.5b$	0.7	0.5	0.35	0.25
$0.25b$	0.35	0.25	0.18	0.13

注：1. 需要微缩的图纸，不宜采用 0.18mm 及更细的线宽。

2. 同一张图纸内，各不同线宽中的细线，可统一采用较细的线宽组的细线。

此外，在绘制图线时还应注意以下几点：

■ 虚线与虚线交接，或者虚线与其他图线交接时，都应是线段交接。虚线为实线的延长线时，不得与实线相接。

■ 单点长画线和双点长画线的两端应是线段，而不是点。点画线与点画线交接，或者点画线与其他图线交接时，应是线段交接。

■ 图线不得与文字、数字或符号重叠、混淆，不可避免时，应首先保证文字的清晰。

2. 尺寸标注

如图 8-1 所示，房屋建筑图中尺寸标注应包括尺寸界线、尺寸线、尺寸起止符号和尺寸数字。

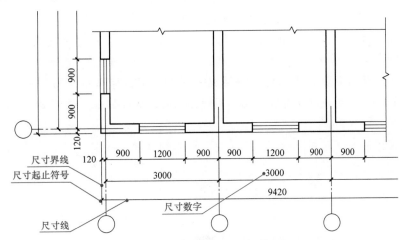

图 8-1 尺寸标注的组成及注写方法

■ 尺寸界线应该用细实线绘制，应与被注长度垂直，其一端应离开图样轮廓线不小于 2mm，另一端宜超过尺寸线 2~3mm。

■ 尺寸线应该用细实线绘制，应与被注长度平行，两端宜以尺寸界线为边界，也可超出尺寸界线 2~3mm。

■ 尺寸起止符号用中粗斜短线绘制，其倾斜方向应与尺寸界线成顺时针 45° 角，长度宜为 2~3mm。

■ 尺寸数字应根据读数方向注写在靠近尺寸线的上方中部。尺寸单位除标高及总平面以 m 为单位外，其他必须以 mm 为单位。

尺寸宜标注在图样轮廓线以外，不宜与图线、文字或符号等相交。相互平行的尺寸线应从被注的图样轮廓线由近向远整齐排列，较小尺寸应离轮廓线较近，较大尺寸应离轮廓线较远。图样轮廓线以外的尺寸线距图样轮廓线之间的距离不宜小于 10mm，平行排列的尺寸线的间距宜为 7～10mm，并应保持一致。总尺寸的尺寸界线应靠近所指部位，中间的分尺寸的尺寸界线可稍短，但其长度应相等。

3. 标高

（1）标高的概念　标高是指某一个点相对于基准面的竖向高度，是标注建筑物高度的一种尺寸标注形式。标高有绝对标高和相对标高两种：

■ 绝对标高是指以一个国家或地区统一规定的基准面作为零点，此基准面与某一点或面的垂直高度。我国规定以青岛附近黄海的平均海平面作为绝对标高的零点。

■ 相对标高是指以自主确定的建筑物室内主要地面为零点，此面与某一点或面的垂直高度，工程中一般以某建筑物底层室内地坪为零点。

在建筑施工图中为了便于设计和施工，除了总平面图外，一般都采用相对标高。

（2）标高符号　标高符号的绘制规则如下：

■ 标高符号应以等腰直角三角形表示，并按图 8-2a 所示形式用细实线绘制，若标注空间不够，则也可按图 8-2b 所示形式绘制（图中 l 表示取适当长度注写标高数字，h 表示根据需要取适当高度）。

■ 总平面图室外地坪标高符号宜用涂黑的等腰直角三角形表示，其具体绘制方法如图 8-2c 所示。

■ 标高符号的尖端应指向被注高度的位置，尖端宜向下，也可向上，标高数字应注写在标高符号的上方或下方，如图 8-2d 所示。

■ 标高数字应以 m 为单位，注写到小数点后第三位。在总平面图中，可注写到小数点后第二位。

■ 零点标高应以 m 为单位，注写成 ±0.000，正数标高不注写 "+"，负数标高须注写 "-"。同一位置需表示几个不同标高时，标高数字可按图 8-2e 所示的形式注写。

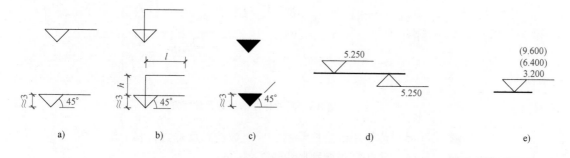

图 8-2　标高的标注

a）标高符号及尺寸　b）标注空间不够时的标高符号及尺寸　c）室外地坪标高符号及尺寸
d）标高符号的方向　e）标高数字的注法

4. 常用建筑材料图例

常用建筑材料应按表 8-4 所列图例画法绘制，更详细的图例可见 GB/T 50001—2017《房屋建筑制图统一标准》。

表 8-4　常用建筑材料图例

名称	图例	备注	名称	图例	备注
自然土壤		包括各种自然土壤	纤维材料		包括矿棉、岩棉、玻璃棉、麻丝、木丝板、纤维板等
夯实土壤		—	泡沫塑料材料		包括聚苯乙烯、聚乙烯、聚氨酯等多聚合物类材料
砂、灰土		—	木材		1. 上图为横断面，左上图为垫木、木砖或木龙骨 2. 下图为纵断面
砂砾石、碎砖三合土		—			
石材		—	胶合板		应注明为×层胶合板
毛石		—	石膏板		包括圆孔或方孔石膏板、防水石膏板、硅钙板、防火石膏板等
实心砖、多孔砖	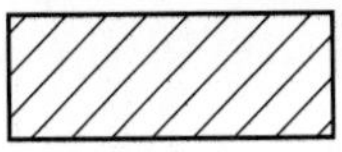	包括普通砖、多孔砖、混凝土砖等砌体			
耐火砖	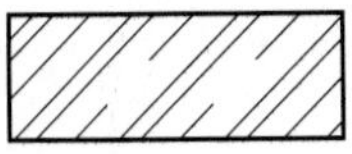	包括耐酸砖等砌体	金属		1. 包括各种金属 2. 图形较小时，可填黑或深灰（灰度宜70%）
空心砖、空心砌块	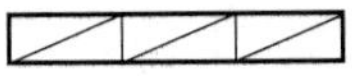	包括空心砖、普通或轻骨料混凝土小型空心砌块等砌体			
			网状材料		1. 包括金属、塑料网状材料 2. 应注明具体材料名称
加气混凝土	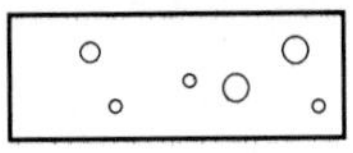	包括加气混凝土砌块砌体、加气混凝土墙板及加气混凝土材料制品等			
			液体		应注明具体液体名称
饰面砖		包括铺地砖、玻璃马赛克、陶瓷锦砖、人造大理石等	玻璃		包括平板玻璃、磨砂玻璃、夹丝玻璃、钢化玻璃、中空玻璃、夹层玻璃、镀膜玻璃等
焦渣、矿渣	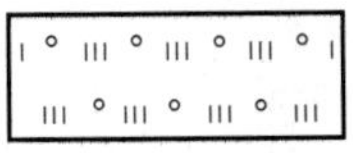	包括与水泥、石灰等混合而成的材料			
混凝土		1. 包括各种强度等级、骨料、添加剂的混凝土 2. 在剖面图上绘制表达钢筋时，则不需绘制图例线 3. 断面图形较小，不易绘制表达图例线时，可填黑或深灰（灰度宜70%）	橡胶		—
			塑料		包括各种软、硬塑料及有机玻璃等
钢筋混凝土			防水材料		构造层次多或绘制比例大时，采用上面的图例
多孔材料	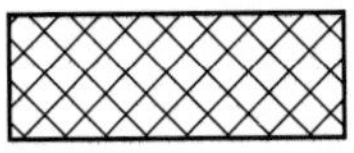	包括水泥珍珠岩、沥青珍珠岩、泡沫混凝土、软木、蛭石制品等	粉刷	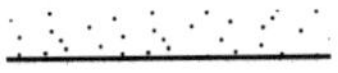	本图例采用较稀的点

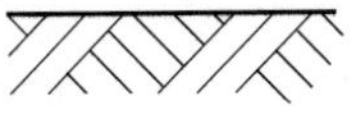

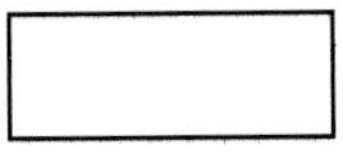

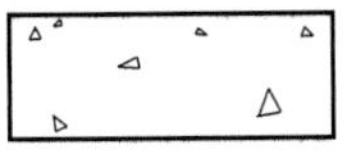

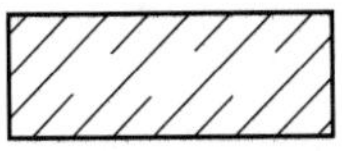

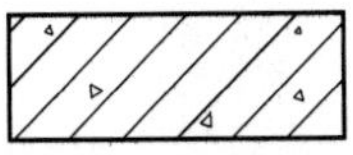

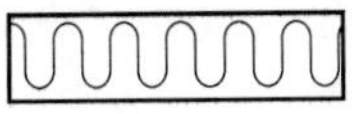

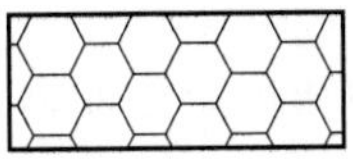

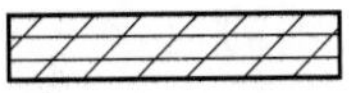

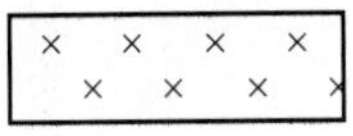

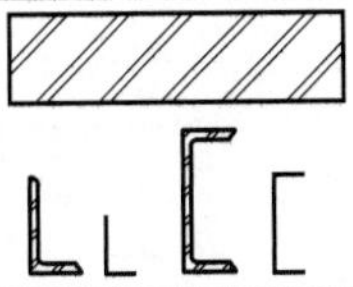

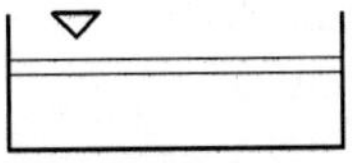

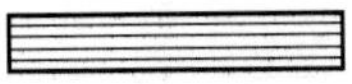

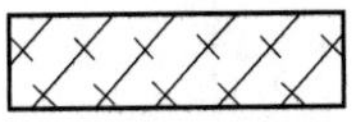

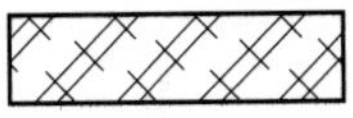

151

8.2 总平面图

本节主要依据 GB/T 50103—2010《总图制图标准》编写，介绍总平面图绘制的相关知识与方法。

1. 用途

总平面图是表示拟建房屋所在规划用地范围内的总体布置图，可表达新建房屋的位置、朝向及周围环境（如原有建筑物、交通道路、绿化、地形等）的情况。总平面图是新建房屋定位、放线及布置施工现场的依据。

2. 比例

总平面图的常用比例为 1∶500、1∶1000、1∶2000。在实际工程中，由于国土资源局及有关单位提供的地形图常采用 1∶500 的比例，故总平面图也常采用 1∶500 的比例绘制。

3. 图示内容

由于图样比例较小，总平面图上的房屋、道路、桥梁、绿化等都用图例表示。表 8-5 列出了总平面图中的常用图例。在较复杂的总平面图中，如采用《建筑制图》国家标准以外的图例，则应在图纸的适当位置加以说明。

表 8-5 总平面图中的常用图例

名称	图例	备注
新建建筑物	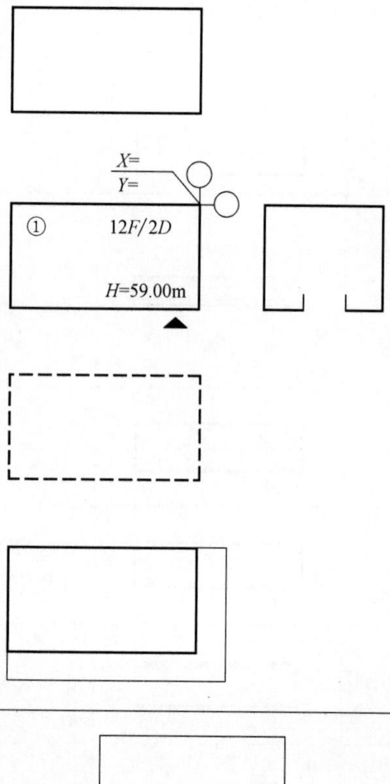 $X=$ / $Y=$ ① 12F/2D H=59.00m	新建建筑物以粗实线表示与室外地坪相接处±0.00外墙定位轮廓线 建筑物一般以±0.00高度处的外墙定位轴线交叉点坐标定位。轴线用细实线表示，并标明轴线号 根据不同设计阶段标注建筑编号，地上、地下层数，建筑高度，建筑出入口位置（两种表示方法均可，但同一张图纸上采用一种表示方法） 地下建筑物以粗虚线表示其轮廓 建筑上部(±0.00以上)外挑建筑用细实线表示 建筑物上部连廊用细虚线表示并标注位置
原有建筑物	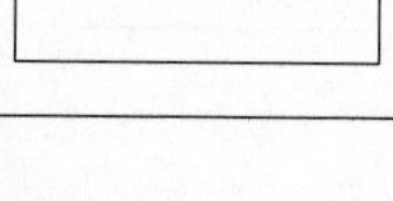	用细实线表示

（续）

名称	图例	备注
计划扩建的预留地或建筑物		用中粗虚线表示
拆除的建筑物		用细实线表示
水池、坑槽		也可以不涂黑
散状材料露天堆场		需要时可注明材料名称
围墙及大门		—
常绿针叶乔木		—
落叶针叶乔木		—
室内地坪标高	151.00 (±0.00)	数字平行于建筑物书写
室外地坪标高	143.00	室外标高也可采用等高线
坐标	1. X=105.00 Y=425.00 2. A=105.00 B=425.00	1. 表示地形测量坐标系 2. 表示自设坐标系 坐标数字平行于建筑标注
烟囱		实线为烟囱下部直径,虚线为基础,必要时可注写烟囱高度和上、下口直径
新建的道路	0.30% 100.00 R=6.00 107.50	"R=6.00"表示道路转弯半径;"107.50"为道路中心线交叉点设计标高,两种表示方式均可,同一张图纸上采用一种方式表示;"100.00"为变坡点之间距离,"0.30%"表示道路坡度,→表示坡向

（续）

名称	图例	备注
原有道路		—
计划扩建的道路		—
拆除的道路		—
桥梁		用于旱桥时应注明 上图为公路桥，下图为铁路桥
填挖边坡		—
草坪		—
花卉		—

4. 坐标标注

总平面图应按上北下南方向绘制。根据场地形状或布局，可向左或右偏转，但不宜超过 45°。总平面图中应绘制指北针或风玫瑰图，如图 8-3 所示。

坐标网格应以细实线表示。测量坐标网应画成交叉十字线，坐标代号宜用 "X、Y" 表示；建筑坐标网应画成网格通线，自设坐标代号宜用 "A、B" 表示，如图 8-3 所示。坐标值为负数时，应注 "-" 号，为正数时，"+" 号可以省略。

总平面图上有测量和建筑两种坐标系统时，应在附注中注明两种坐标系统的换算公式。

5. 指北针与风玫瑰图

指北针的形状如图 8-4a 所示，其圆的直径宜为 24mm，用细实线绘制；指针尾部的宽度宜为 3mm，指针头部应注 "北" 或 "N" 字。需用较大直径绘制指北针时，指针尾部的宽度宜为直径的 1/8。

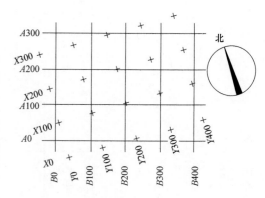

图 8-3　坐标网格

注：图中 X 为南北方向轴线，X 的增量在 X 轴线上；Y 为东西方向轴线，Y 的增量在 Y 轴线上。A 轴相当于测量坐标网中的 X 轴，B 轴相当于测量坐标网中的 Y 轴。

154

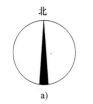

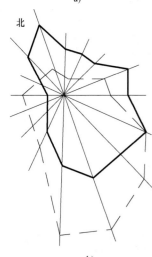

图8-4 指北针、风玫瑰图

a) 指北针 b) 上海地区
风玫瑰图

风向频率玫瑰图,简称为风玫瑰图。风玫瑰图在8个或16个方位线上用端点与中心的距离表示当地这一风向在一年中发生次数的多少。实线表示全年风向频率,虚线表示夏季风向频率。风向由各方位吹向中心,风向线最长者为主导风向,如图8-4b所示。

在建筑总平面图上,通常应按当地实际情况绘制风玫瑰图。全国各地主要城市风玫瑰图见《建筑设计资料集》。有的总平面图上只画指北针而不画风玫瑰图。

6. 尺寸标注

总平面图上的尺寸应标注新建房屋的总长、总宽及与周围房屋或道路的间距。尺寸以m为单位,标注到小数点后两位。新建房屋的层数在房屋图形右上角上用点数或数字表示。一般低层、多层用点数表示层数,高层用数字表示。如果为群体建筑,则也可统一用点数或数字表示。

新建房屋的室内地坪标高为绝对标高,这也是相对标高的零点。总平面图上标高标注到小数点后两位。

7. 示例

图8-5所示为某校教师中心工程的总平面图,可以看出整个建筑基地比较规整,基地东南面和南面为道路,主体建筑布置在基地东南角,采用折线造型,以南北朝向为主,共有4层。建筑总长为50m,总宽为18m,距离道路6m,室内地坪标高为4.40m,室外地坪标高为3.80m。从图中还可以看出整个基地主导风向为南偏东,基地中心为小型广场和绿地,基地北部为拟建建筑的预留地,工程开工时西部的方形建筑需拆除,主体建筑距离拟建建筑28m。

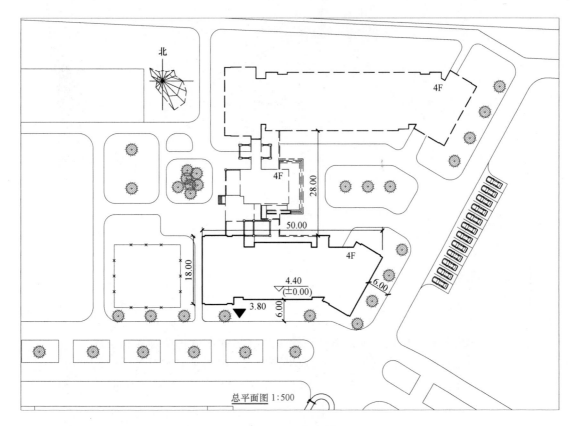

总平面图 1:500

图8-5 总平面图

155

8.3 建筑平面图

1. 用途

建筑平面图是用于表达房屋建筑的平面形状，房间布置，内外交通联系，以及墙、柱、门、窗等构配件的位置、尺寸、材料和做法等内容的图样。建筑平面图简称平面图。

平面图是建筑施工图的主要图样之一，是施工过程中房屋的定位放线、砌墙、设备安装、装修，以及编制概预算、备料等的重要依据。

2. 形成

假想用一水平剖切面经过门、窗、洞口之间将房屋剖开，移去剖切平面以上的部分，余下部分在水平面上的正投影图即为平面图，平面图实际上是剖切位置位于门、窗、洞口之间的水平剖面图，如图 8-6、图 8-7 所示。

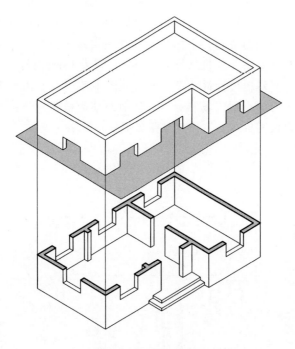

图 8-6　平面图的形成

3. 比例及图名

平面图通常采用 1∶50、1∶100 和 1∶200 的比例绘制，实际工程中更多采用 1∶100 的比例绘制。

一般情况下，房屋有几层就应画几个平面图，并在图的下方正中标注相应的图名，如"底层平面图""二层平面图""顶层平面图""屋顶平面图"等。图名下方应加画一条粗实线，并在图名右侧标注比例。当房屋中间若干层的平面布局、构造情况完全一致时，则可用一个平面图来表达这些布局相同的若干层，这个平面图称为标准层平面图。

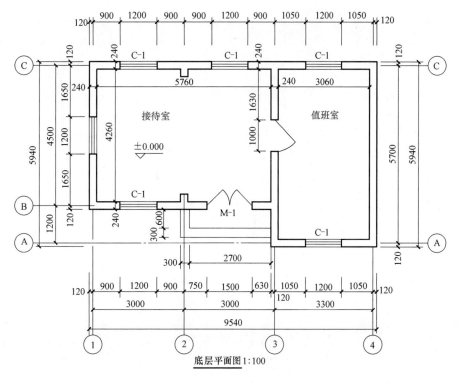

图 8-7　平面图

4. 图示内容

　　底层平面图应画出房屋本层相应的水平投影，以及与本栋房屋有关的台阶、花池、散水、垃圾箱等的投影；二层平面图除画出房屋二层范围的投影外，还应画出底层平面图无法表达的雨篷、阳台、窗楣等，底层平面图上已表达清楚的台阶、花池、散水、垃圾箱等不必重复画出；三层以上的平面图则只需画出本层的投影及下一层的窗楣、雨篷等下一层无法表达的内容。

　　由于建筑平面图比例较小，各层平面图中的卫生间、楼梯间、门窗等常采用图例来表达，而相应的详细情况则另用较大比例的详图来表达。表 8-6 列出了常用门窗图例。

表 8-6　常用门窗图例

名称	图例	名称	图例
单面开启单扇门（包括平开或单面弹簧）		固定窗	

（续）

名称	图例	名称	图例
双面开启单扇门（包括双面平开或双面弹簧）		上悬窗	
双层单扇平开门		中悬窗	
单面开启双扇门（包括平开或单面弹簧）		下悬窗	
双面开启双扇门（包括双面平开或双面弹簧）		单层外开平开窗	
双层双扇平开门		单层推拉窗	
竖向卷帘门		上推窗	

5. 线型

剖到的墙、柱的断面轮廓线通常用粗实线表示；门、窗、台阶、阳台和雨棚等构造及配件的轮廓线用中粗实线表示；门扇的开启示意线用细实线弧表示；其余可见投影则用细实线表示。

6. 标注

（1）定位轴线　为了推行建筑工业化，在建筑平面图中，采用轴线网格划分平面，使房屋的平面布置及构件和配件趋于统一，这些轴线称为定位轴线，它是确定房屋主要承重构件（墙、柱、梁）位置及标注尺寸的基线。

国家标准规定水平方向的轴线自左至右用阿拉伯数字依次连续编为①、②、③等；竖直方向自下而上用大写拉丁字母依次连续编为Ⓐ、Ⓑ、Ⓒ等，但需除去 O、I、Z 三个字母，以免与阿拉伯数字中的 0、1、2 混淆。

若建筑平面形状较特殊，则也可采用分区编号的形式来编注轴线，其方式可以为"分区号—该分区定位轴线编号"，如图 8-8 所示。若平面图为折线形，定位轴线的编号按图 8-9 所示形式编写。圆形与弧形平面图中的定位轴线，其径向轴线应以角度进行定位，其编号宜用阿拉伯数字表示，从左下角或 -90°处开始，按逆时针顺序编写；其环向轴线宜用大写拉丁字母表示，按从外向内顺序编写，如图 8-10 所示。

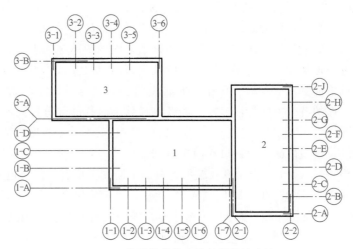

图 8-8　分区编号的定位轴线标注方法

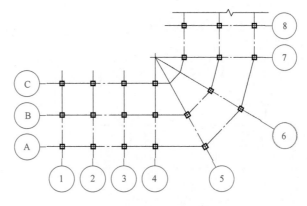

图 8-9　折线形平面定位轴线标注方法

　　一般承重墙柱及外墙等编为主轴线，非承重墙、隔墙等编为附加定位轴线（又称为分轴线）。如图 8-11 所示，轴线端部圆圈直径宜为 8~10mm，用细实线绘制，以分母表示前一轴线的编号，分子表示附加轴线的编号，编号宜用阿拉伯数字按顺序编写。

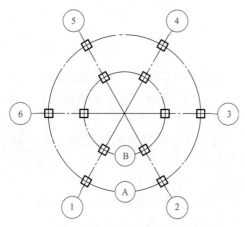

图 8-10　圆形平面定位轴线标注

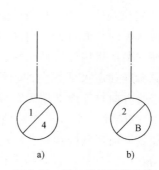

图 8-11　附加定位轴线标注

a）4 号轴线后附加的第一根轴线

b）B 号轴线后附加的第二根轴线

　　（2）尺寸　建筑平面图标注的尺寸有外部尺寸和内部尺寸两种。

　　■ 外部尺寸。在水平方向和竖直方向各标注三道：最外一道尺寸标注房屋水平方向的总长、总宽，称为总体尺寸；中间一道尺寸标注房屋的开间、进深（注：一般情况下两横墙之间的距离称为开间，两纵墙之间的距离称为进深），称为轴线尺寸；最里边一道尺寸标注房屋外墙的墙段及门窗洞口尺寸，称为细部尺寸。

　　如果建筑平面图图形对称，宜在图形的左侧、下方标注尺寸；如果图形不对称，则需在图形的各个方向标注尺寸，或者在局部不对称的部分标注尺寸。

　　■ 内部尺寸。应标出各房间长、宽方向的净空尺寸，墙厚及与轴线的关系，柱子截面，以及房屋内部门窗洞口和门垛等细部尺寸。

　　（3）门窗编号　为编制概预算及施工备料，平面图上所有的门、窗都应进行编号。门常用"M1""M2"或"M-1""M-2"等表示，窗常用"C1""C2"或"C-1""C-2"等表示，也可用标准图集上的门窗代号来编注门窗，如"X-0924""B.1515"等。表 8-7 列出了某校教师中心建筑的门窗表，其一层平面图如图 8-13 所示，标准平面图如图 8-14 所示，其中门窗编号为"FM""LM""LC""LBC"的门和窗依次分别为"防火门""铝合金门""铝合金窗"和"铝合金百叶窗"。

表 8-7　某校教师中心建筑的门窗表

类别	设计编号	洞口尺寸/mm		总数	采用标准图集及编号
		宽	高		
木门	M0821a	750	2100	50	03J601—2
	M0821b	750	2100	60	
	M1021a	1000	2100	4	
	M1021b	1000	2100	4	
	M1221	1200	2100	2	
	M0921	900	2100	1	
	⋮	⋮	⋮	⋮	

（续）

类别	设计编号	洞口尺寸/mm		总数	采用标准图集及编号
		宽	高		
钢木门	M0924a	900	2350	60	01SJ606
	M0924b	900	2350	60	
	⋮	⋮	⋮	⋮	
铝合金门	LM1524	1500	2350	115	03J603—2
	LM0922a	900	2200	1	
	LM0922b	900	2200	1	
	LM1522	1500	2200	1	
	LM1521	1500	2100	3	
	LM3024	3000	2350	1	
	LM1221	1200	2100	2	
	⋮	⋮	⋮	⋮	
防火门	FM1021（甲）	1000	2100	1	03J609
	FM1221（甲）	1200	2100	1	
	FM1221（乙）	1200	2100	7	
	FM1220（乙）	1200	2000	6	
	FM1220（丙）	1200	2000	7	
	FM0920（丙）	900	2000	6	
	FM0620a（丙）	600	2000	42	
	FM0620b（丙）	600	2000	18	
	⋮	⋮	⋮	⋮	
铝合金窗	LC1514	1500	1400	7	03J603—2
	LC0912	900	1200	11	
	LC1212	1200	1200	15	
	LC1214	1200	1400	10	
	LC1512	1500	1200	8	
	LC0914	900	1400	7	
	LC1509	1500	900	1	
	LC1215	1200	1500	3	
	⋮	⋮	⋮	⋮	
铝合金百叶窗	LBC0909	900	900	6	
	LBC1209	1200	900	2	

注：1. 玻璃的选用应遵照现行的 JGJ 113—2015《建筑玻璃应用技术规程》。

　　2. 门窗表及门窗详图外包尺寸均为洞口尺寸，制作时按相关图集要求留出安装间隙。

　　3. 凡盥洗室、卫生间、淋浴间门窗玻璃均采用磨砂玻璃。

（4）剖切位置及详图索引　为了表示房屋竖向的内部情况，需要绘制建筑剖面图，其剖切位置应在底层平面图中标出。用于表示剖切位置的剖切位置线长度应为 6~10mm；投射方向线应垂直于剖切位置线，长度应短于剖切位置线，宜为 4~6mm。若剖面图与被剖切图样不在同一张图纸内，则可在剖切位置线的另一侧注明其所在图纸的图纸号，如图 8-12 中的"建施 10"所示。若图中某个部位需要画出详图，则在该部位要标出详图索引标志，如图 8-12 所示。

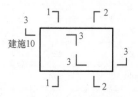

图 8-12　剖切位置的标注

（5）标高　平面图中应标注不同楼地面标高及室外地坪标高等。

（6）其他　平面图中各房间的用途宜用文字标出，如"办公室""会议室"等。

7. 示例

图 8-13 所示为某校教师中心底层平面图，图 8-14 所示为标准层平面图，图 8-15 所示为屋顶平面图。它们都是用 1∶200 的比例绘制的。

■ 从图 8-13 所示底层平面图中可以看出：该教师中心主入口在北面，LM3024 外有 4 个台阶，室内地坪标高±0.000，室外标高为−0.600m，室内外高差为 0.6m；建筑平面在⑬轴处沿顺时针方向扭转 30°，定位轴线采用分区编注的方法标注；建筑总宽为 18.5m，①~⑬轴总长为 34.5m，①~⑮轴总长为 40.037m，①~⑤轴总长为 9.34m，除了位于端头的定位轴线外，其他定位轴线与墙中心线重合；底层除少量服务用房外布置大量客房，带有独立卫生间和阳台的客房主要沿东、南、西三个方向布置，北向布置有两个楼梯间、一个公共洗衣房、两个公共厨房和少量客房，客房、楼梯间、洗衣房的开间均为 3000mm，进深均为 5000mm；剖面图的剖切位置在④轴和⑤轴之间；建筑外墙墙体厚度为 250mm，内墙墙体厚度为 240mm。

■ 从图 8-14 所示标准层平面图中可以看出：其平面布局和底层基本一致，通过地坪标高可见建筑每层层高均为 2.800m，楼梯间的表示方法与底层有所不同。该建筑门窗的种类比较多，不同门窗编号所对应的具体门窗形式可参见表 8-7。

■ 该建筑的顶层平面图因篇幅限制从略。

■ 该建筑的屋顶平面图如图 8-15 所示。屋顶平面图是屋顶的俯视图，除少数伸出屋面较高的楼梯间、水箱、电梯机房被剖切到的墙体轮廓用粗实线表示外，其余可见轮廓线的投影均用细实线表示。屋顶平面图常采用 1∶100 的比例绘制，也可采用 1∶200 的比例绘制。平面尺寸可只标轴线尺寸。从图 8-15 所示屋顶平面图可以看出，屋面的排水方式中间部分为双向女儿墙（凸出屋面的墙称为女儿墙）落水管排水，两边为单向女儿墙落水管排水，排水坡度均为 2%。

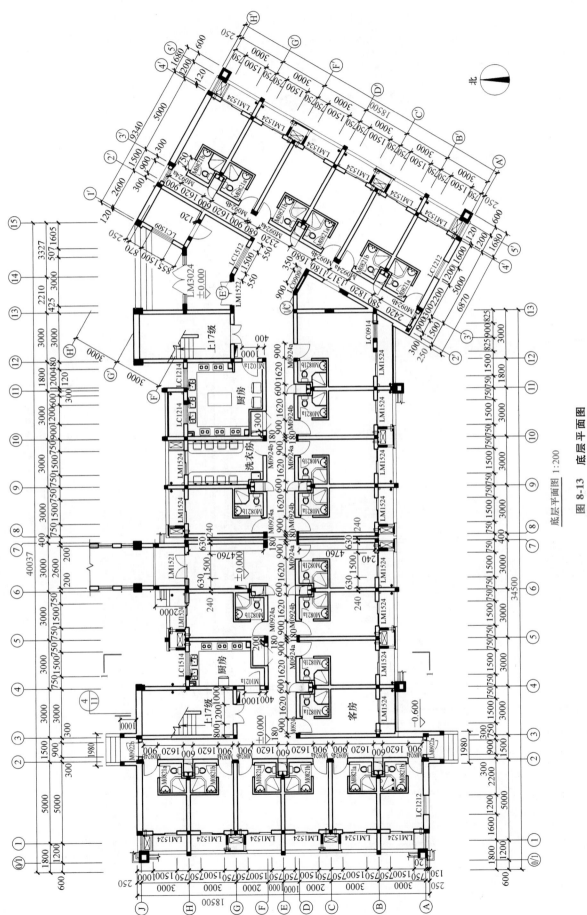

底层平面图 1:200

图 8-13　底层平面图

163

164

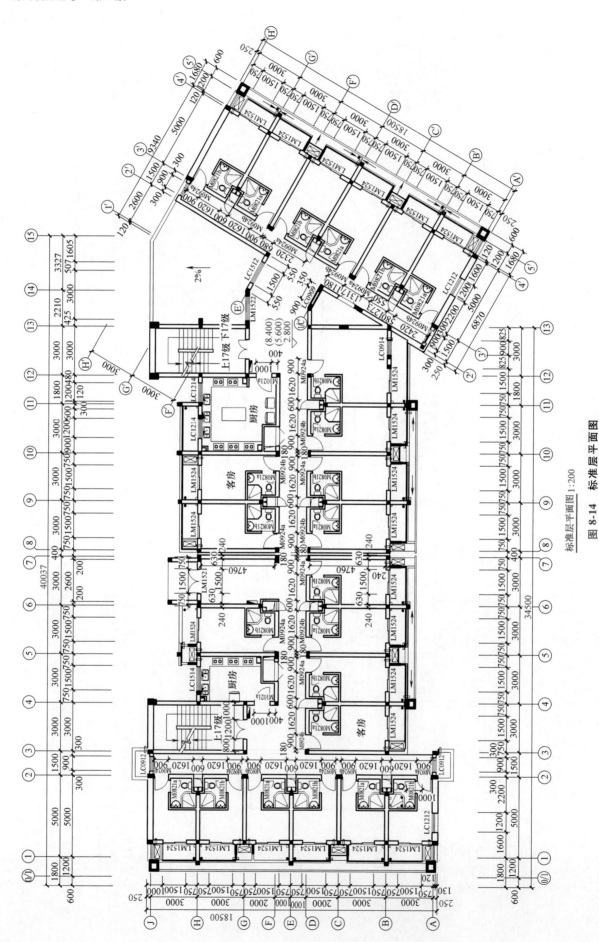

标准层平面图 1:200

图 8-14　标准层平面图

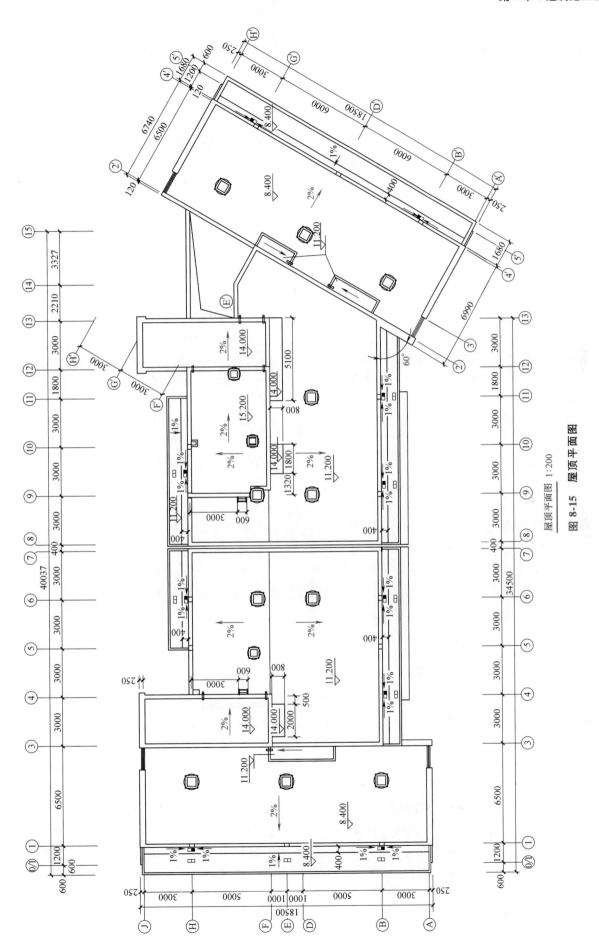

屋顶平面图 1:200

图 8-15　屋顶平面图

8.4 建筑立面图

1. 用途

建筑立面图简称立面图，主要用来表达房屋的外部造型、门窗位置及形式、外墙面装修、阳台、雨篷等部分的材料和做法等。

2. 形成

立面图是建筑各个墙面的正投影图。某些平面形状曲折的建筑物，如圆形或多边形平面的建筑物，可分段展开绘制立面图，但均应在图名后加注"展开"二字。

3. 比例及图名

立面图的比例与平面图一致，常用 1∶50、1∶100、1∶200 的比例绘制。

立面图常用以下三种方式命名：

（1）以建筑墙面的特征命名　常把建筑主要出入口所在墙面的立面图称为正立面图，其余几个立面图相应地称为背立面图、侧立面图等。

（2）以建筑各墙面的朝向来命名　如东立面图、西立面图、南立面图和北立面图。

（3）以建筑两端定位轴线编号命名　如①～⑮立面图和Ⓐ～Ⓓ立面图等。对于有定位轴线的建筑物，宜采用此种命名方式。

4. 图示内容

立面图应绘出建筑物外墙面上所有门窗、雨篷、檐口、壁柱、窗台、窗楣及底层入口处的台阶、花池等的投影。由于比例较小，立面图上的门窗等构件可用表 8-6 所列图例表示。相同的门窗、阳台、外檐装修、构造做法等可作局部重点表示，绘出其完整图形，其余部分只画轮廓线。

5. 线型

为使立面图外形更加清晰，常用粗实线表示立面图的最外轮廓线，而凸出墙面的雨篷、阳台、柱子、窗台、窗楣、台阶、花池等投影轮廓线用中实线画出，地坪线用加粗线（约为标准粗度的 1.4 倍）画出，门窗及墙面分格线、落水管，以及材料符号引出线、说明引出线等其余图线用细实线画出。

6. 尺寸标注

（1）竖直方向　应标注建筑物的室内外地坪、门窗洞上下口、台阶顶面、雨篷、房檐下口、屋面、墙顶等处的标高，并应在竖直方向标注三道尺寸。里边一道尺寸标注房屋的室内外高差、门窗洞口高度、竖直方向窗间墙高、窗下墙高、檐口高度等尺寸；中间一道尺寸标注层高尺寸；外边一道尺寸标注总高尺寸。

（2）水平方向　立面图水平方向一般不标注尺寸，但需要标出立面图最外两端墙的定位轴线及编号，并在图的下方注写图名、比例。

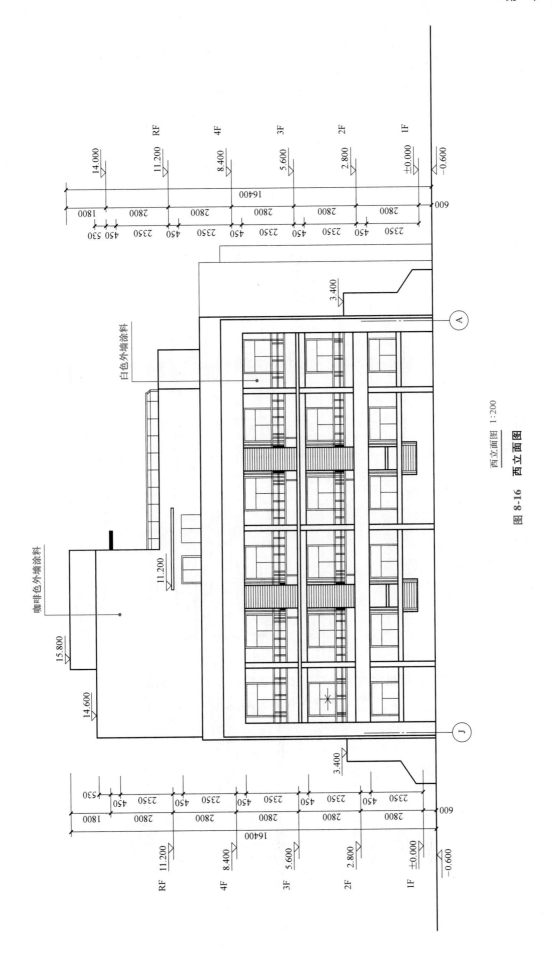

西立面图 1:200

图 8-16　西立面图

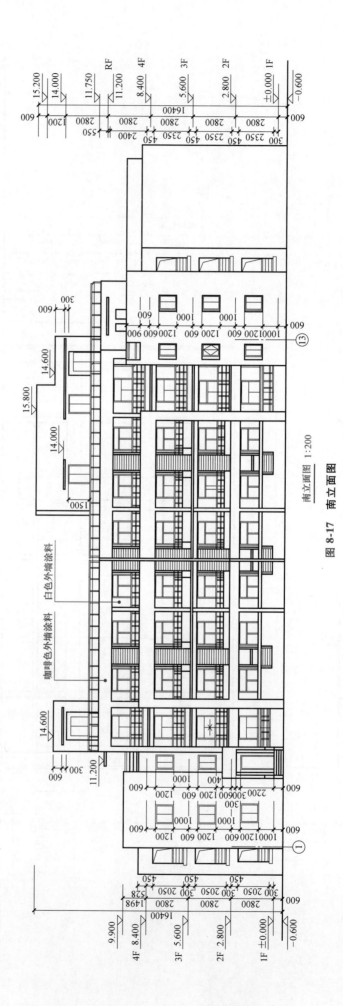

南立面图 1:200

图 8-17　南立面图

（3）其他标注 可在立面图上的适当位置用文字标注其装修方式，也可以不注写在立面图中，以保证立面图的完整美观。可以在建筑设计总说明中列出外墙面的装修方式。

7. 示例

图 8-16 和图 8-17 所示为某校教师中心的西立面图和南立面图，可以看出该建筑共有 4 层，层高均为 2.8m，总高为 15.8m，整个立面造型简洁大方。相邻两个阳台之间放置空调外机，安装有铝合金隔栅，既美化外立面又遮蔽阳光。室内和室外地坪高差为 0.6m，通过 4 级台阶进入室内。

8.5 建筑剖面图

1. 用途

建筑剖面图（简称剖面图）主要用来表达房屋内部的结构形式、沿高度方向的分层情况、各层的构造做法、门窗洞口高、层高及建筑总高等。

2. 剖切位置及剖视方向

剖面图的剖切位置标注在同一建筑物的底层平面图上。剖面图的剖切位置应根据图纸的用途或设计深度，在平面图上选择能反映建筑物全貌、构造特征并具有代表性的部位剖切，并应通过门窗洞口的位置，如图 8-13 所示底层平面图中的1—1 剖面图。

平面图上剖切符号的剖视方向宜向左、向上。看剖面图时应与平面图结合，并对照立面图一起看。

3. 比例

剖面图的比例常与同一建筑物的平面图、立面图的比例一致，即采用 1:50、1:100 和 1:200 的比例绘制。剖面图中的门窗等构件也可以采用表 8-6 所列图例来表示。

为了清楚地表达建筑各部分的材料及构造层次，当剖面图比例大于 1:50 时，应在剖到的构件断面按表 8-4 所列图例表示其材料。当剖面图比例小于 1:50 时，则不画具体材料图例，而用简化的材料图例表示其构件断面的材料，如钢筋混凝土构件可在断面涂黑，以区别砖墙或其他材料。

4. 线型

在剖面图中，凡是剖到的墙、板、梁等构件，用粗实线表示；而没剖到的其他构件的投影线，则用细实线绘制。

5. 标注

（1）竖直方向 剖面图也应在建筑图样外部标注三道尺寸，最外一道为总高尺寸，从室外地坪起标到墙顶止，标注建筑物的总高度；中间一道尺寸为层高尺寸，标注各层层高（两层之间楼地面的竖直距离称为层高）；最里边一道尺寸为细部尺寸，标注墙段及洞口尺寸。还应标注建筑物的室内外地坪、各层楼面、门窗洞的上下口及墙顶等部位的标高。室内地坪的标高应尽量标在图形内。图样内部的梁等构件的下口标高也应标注。

（2）水平方向　常在建筑图样外部标注剖到的墙、柱及剖面图两端的轴线编号及轴线间距，并在图样的下方注写图名和比例。

（3）其他标注　由于剖面图比例较小，某些部位，如墙脚、窗台、过梁、墙顶等节点不能详细表达，可在剖面图上的该部位处画上详图索引标志，另用详图来表示其细部构造尺寸。

6. 示例

图 8-18 所示为某校教师中心的 1—1 剖面图，其剖切位置如图 8-13 所示。从图 8-18 所示 1—1 剖面图中可以看出此建筑共 4 层，层高均为 2.8m，建筑总高为 14.6m，室内外高差为 0.6m。从外部尺寸可以看出Ⓑ轴阳台门洞高为 2350mm，阳台扶手高为 1100mm；Ⓗ轴窗洞高为 1400mm，窗下墙高为 950mm，窗间墙高为 1400mm。从内部尺寸可以看出客房入户门洞高为 2350mm，客房卫生间门洞高为 2100mm。本剖面图比例为 1∶200，故建筑构件除钢筋混凝土梁、楼板涂黑外，墙及其他构件不再加画材料图例。

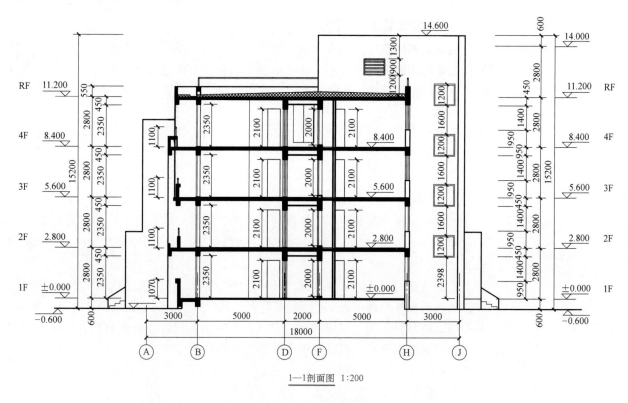

1—1剖面图　1:200

图 8-18　1—1 剖面图

以上讲述的建筑总平面图、平面图、立面图和剖面图都是关于建筑物的全局性图纸。在这些图中，图样的准确性是很重要的，应力求贯彻《建筑制图》国家标准，严格按标准规定绘制图样。其次，尺寸标注也是非常重要的。应理解各种尺寸的含义，力求做到准确、完整、清晰。

平面图中的总长、总宽尺寸，以及立面图与剖面图中的总高尺寸均为建筑的总尺寸；平面图中的轴线尺寸，以及立面图、剖面图中的层高尺寸为建筑的定位尺寸；平面图、立面图、剖面图及 8.6 节将要介绍的建筑详图中的细部尺寸为建筑的定量尺寸，也称为定形尺寸，某些细部尺寸同时也是定位尺寸。

8.6 建筑详图

房屋建筑总平面、平面图、立面图、剖面图都是用较小的比例绘制的，主要用于表达建筑全局性的内容，但对于房屋细部、构造及配件的形状、构造关系等就无法表达清楚了。因此，在实际工作中，为详细表达建筑节点及建筑构配件的形状、材料、尺寸及做法等，可采用较大比例绘制这些结构的图样，所绘制的图则称为建筑详图或大样图（以下简称详图）。

1. 比例

详图宜采用 1：1、1：2、1：5、1：10、1：20 和 1：50 的比例绘制，必要时，也可选用 1：3、1：4、1：25、1：30 和 1：40 等比例。

2. 数量

一套施工图中，建筑详图的数量应视建筑工程的体量大小及难易程度来确定。常用的详图有外墙身详图、楼梯间详图、卫生间详图、厨房详图、门窗详图、阳台详图、雨篷详图等。由于各地区都编有标准图集，故在实际工程中，有的详图可直接查阅标准图集。本书将重点介绍楼梯间详图的绘制方法。

3. 详图索引符号与详图符号

（1）索引符号　图样中的某一局部或构件，如需另见详图，应以索引符号（图 8-19a）索引。索引符号应由直径为 8~10mm 的圆和水平直径组成，圆及水平直径线宽宜为 0.25*b*。索引符号编写应符合下列规定：

■ 当索引出的详图与被索引的详图同在一张图纸内，应在索引符号的上半圆中用阿拉伯数字注明该详图的编号，并在下半圆中间画一段水平细实线，如图 8-19b 所示。

■ 当索引出的详图与被索引的详图不在同一张图纸中，应在索引符号的上半圆中用阿拉伯数字注明该详图的编号，在索引符号的下半圆用阿拉伯数字注明该详图所在图纸的编号，如图 8-19c 所示。数字较多时，可加文字标注。

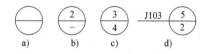

图 8-19　详图索引符号

■ 当索引出的详图采用标准图时，应在索引符号水平直径的延长线上加注该标准图集的编号，如图 8-19d 所示。需要标注比例时，应在文字的索引符号右侧或延长线下方，与符号下对齐。

（2）用于索引剖视详图的索引符号　当索引符号用于索引剖视详图时，应在被剖切的部位绘制剖切位置线，并以引出线引出索引符号，引出线所在的一侧应为剖视方向，如图 8-20 所示。

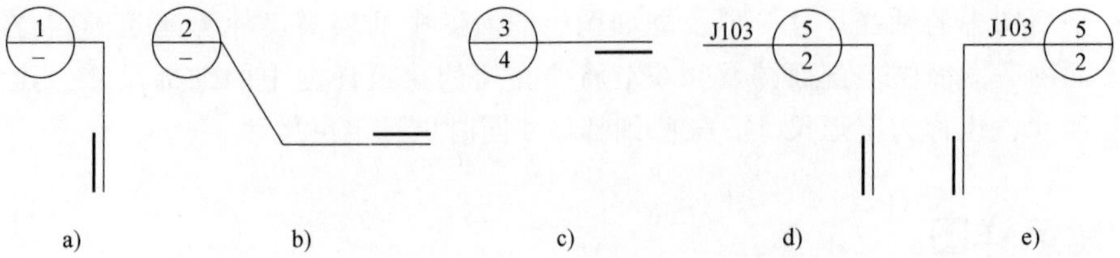

图 8-20　用于索引剖视详图的索引符号 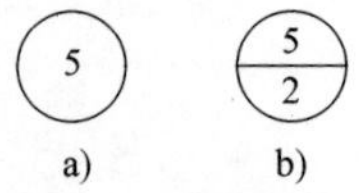　　　　　　　　图 8-21　详图符号

（3）详图符号　详图的位置和编号应以详图符号表示。详图符号的圆直径应为 14mm，线宽为 b。详图编号应符合下列规定：

■ 当详图与被索引的图样同在一张图纸内时，应在详图符号内用阿拉伯数字注明详图的编号，如图 8-21a 所示。

■ 当详图与被索引的图样不在同一张图纸内时，应用细实线在详图符号内画一水平直径，在上半圆中注明详图编号，在下半圆中注明被索引的图纸的编号，如图 8-21b 所示。

4. 多层次构造的注写方式

对于建筑设计中的屋面、楼面、地面等多层次构造，在绘制建筑详图时常采用分层说明的方法用文字进行标注。

■ 多层构造或多层管道的共用引出线应通过被引出的各层，并用圆点示意对应各层次。

■ 文字说明宜注写在横线的上方或横线的端部，说明的顺序由上至下与被说明的构造层次相一致，如图 8-22a～c 所示；若层次为横向排序，则由上至下的说明顺序应与由左至右的构造层次相一致，如图 8-22d 所示。

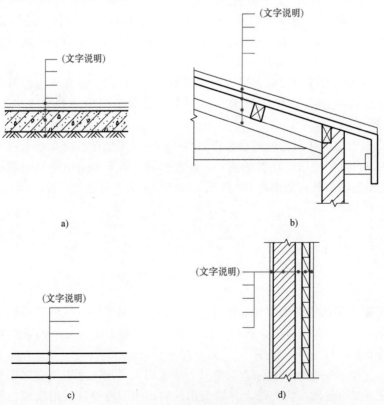

图 8-22　多层次构造的注写方法

5. 楼梯间详图

楼梯是建筑中联系各水平楼层的竖直交通设施。楼梯由梯段、平台和栏杆（或栏板）及扶手三部分组成。构成梯段的踏步中，与楼地面平行的面称为踏面，与楼地面垂直的面称为踢面。如图 8-23 所示，常见的楼梯按梯段数可分为单跑楼梯、双跑楼梯和三跑楼梯等。

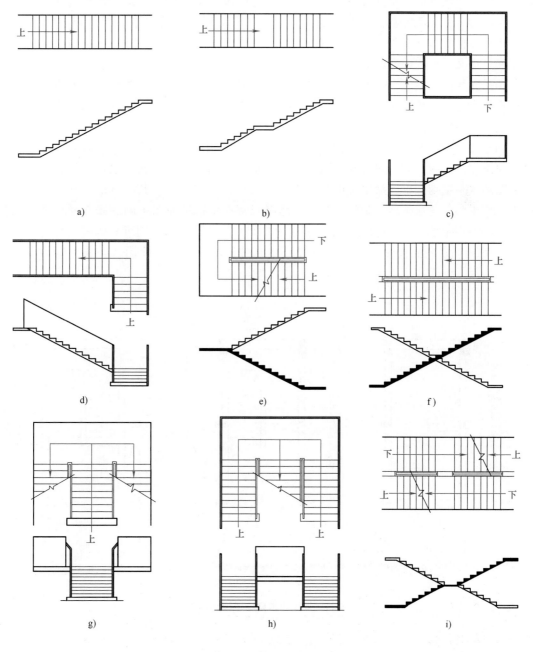

173

图 8-23　楼梯形式示意

a）单跑楼梯　b）直行双跑楼梯　c）三跑楼梯　d）折行双跑楼梯　e）平行双跑楼梯
f）交叉式楼梯　g）双分式平行楼梯　h）双合式平行楼梯　i）剪刀式楼梯

■ 单跑楼梯的上、下两层之间只有一个梯段。它适用于层高较低、楼梯间开间小而进深大的建筑，如图 8-23a 所示。

　　■ 双跑楼梯的上、下两层之间有两个梯段、一个中间平台，如图 8-23b 所示。根据需要可做成等跑（两梯段踏步级数相同）或不等跑（两梯段踏步级数不同）的形式。

　　■ 三跑楼梯的上、下两层之间有三个梯段、两个中间平台，如图 8-23c 所示。它适用于层高较高、楼梯间开间较大、进深较小的建筑。

　　根据设计规范规定楼梯梯段的长度最多不超过 18 级，最少不少于 3 级。此外，按楼梯形状不同，双跑楼梯可分为直行双跑楼梯（图 8-23b）、折行双跑楼梯（图 8-23d）、平行双跑楼梯（图 8-23e）；常见楼梯还有交叉式楼梯（图 8-23f）、双分式平行楼梯（图 8-23g）、双合式平行楼梯（图 8-23h）等，图 8-23i 所示剪刀式楼梯是交叉式楼梯的特殊形式。

　　楼梯间详图包括楼梯平面图、楼梯剖面图、踏步详图、栏杆详图等，主要表示楼梯的类型、结构形式、构造和装修方式等。楼梯间详图应尽量安排在同一张图纸上，以便阅读。

　　（1）楼梯平面图　楼梯平面图常采用 1：50 的比例绘制。它的形成原理与建筑平面图完全一致，为一假想水平面对各层楼梯水平剖切后形成的正投影。楼梯平面图的水平剖切位置，除顶层在安全栏板（或栏杆）之上外，其余各层均在上行第一跑中间。各层被剖切到的上行第一跑梯段都在楼梯平面图中画一条与踢面线成 30° 的折断线，如图 8-24a 所示。若楼梯中间几层构造一致，则可只画一个标准层平面图。大多数楼梯只需画出底层、标准层和顶层三个平面图，如图 8-24 所示。

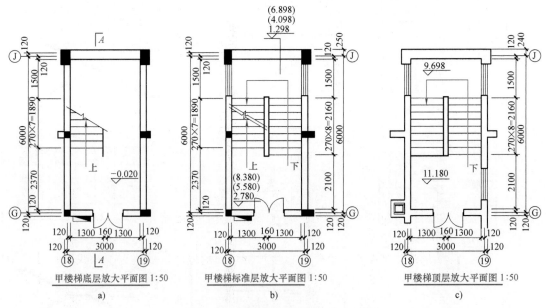

图 8-24　某校教师中心甲楼梯间的平面图

　　绘制时各层楼梯平面图宜上下对齐（或左右对齐），这样既便于阅读，又利于标注尺寸和省略重复尺寸。平面图上应标注楼梯间的轴线编号、开间和进深尺寸，楼地面和中间平台的标高，以及梯段长、平台宽等细部尺寸。梯段长度尺寸标注为：踏面宽×踏面数＝梯段长。

　　图 8-24 所示为某校教师中心甲楼梯间的平面图。可以看出，底层平面图中只有一个被剖到的梯段，底层楼梯间地坪比室内地坪低 20mm，因此标高为 -0.020m。标准层平面图中上行梯段和下行梯段都已画出，上行梯段中间画有

一条与踢面线成 30°的折断线，下行梯段除了与上行梯段重合的部分外全部画出，上、下指引线箭头相对，箭尾处分别写有"上"和"下"。从标准层各层楼地面和中间平台的标高可以看出，标准层一共有 3 层。顶层平面图中只有完整的下行梯段，梯段上没有折断线。楼梯临空的一侧装有水平栏杆。楼梯的踏面宽为 270mm。

（2）楼梯剖面图　楼梯剖面图常采用 1：50 的比例绘制。其剖切位置应选择在通过第一跑梯段及门窗洞口的地方，并向未剖到的第二跑梯段方向投影，例如，按图 8-24a 所示剖切位置剖切绘制的剖面图如图 8-25 所示。

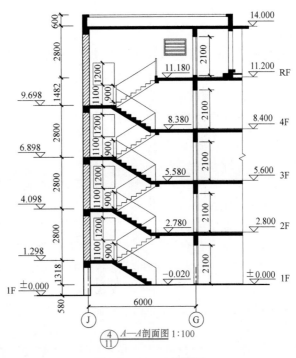

图 8-25　A—A 剖面图

剖到梯段的步级数可直接看到，当未剖到梯段的步级数因栏板遮挡或因梯段为暗步梁板式等原因而不可见时用虚线表示，也可读其高度尺寸判断该梯段的步级数。

多层或高层建筑的楼梯间剖面图，若中间若干层构造一样，则可用其中一层的剖面图代表这些相同的若干层，采用此层的楼地面和中间平台的标高表示所代表的若干层的情况。

楼梯间剖面图水平方向应标注被剖切到的墙的轴线编号、轴线间尺寸、中间平台宽及梯段长等细部尺寸。竖直方向应标注被剖切到的墙的墙段、门窗洞口尺寸及梯段高度、层高尺寸。梯段高度应标注成：踢面高×步级数＝梯段高。另外，还需要标注栏杆（或栏板）的高度等细节尺寸。而且要在楼梯间剖面图上标出各层楼面、地面、平台面及平台梁下口的标高。若需画出踏步、扶手等的详图，则应在相应位置标出其详图的索引符号。

从图 8-25 所示剖面图中可以看出：此楼梯为双跑不等跑楼梯，每层第一跑梯段有 8 级，第二跑梯段有 9 级，每层共有 17 级踏步。踏步的踢面高尺寸为164.7mm，栏杆高为 900mm，楼梯间各层层高均为 2800mm。楼梯间门洞高为2100mm，⑲轴线上各窗洞高为 1200mm，窗台距地面 1100mm。各层楼地面及中间平台的标高都已在图中清楚地表达出来。

8.7 用 AutoCAD 绘制建筑平面图

下面以一实例介绍用 AutoCAD 绘制建筑平面图的步骤和方法。

1. 绘制墙体定位轴线

绘制墙体定位轴线的具体作图过程如下：

■ 首先定义作图范围。在命令行窗口输入"Limits"命令，输入左下角点为"（0，0）"，右上角点为"（20000，20000）"。在状态栏中单击"正交"按钮，启用正交辅助绘图功能。

■ 设置定位轴线图层。在命令行窗口输入"Layer"命令，在弹出的"图层"对话框中，命名新图层为"定位轴线"并设为当前图层，改变线型为点画线，可改变图层颜色以便区分，然后在此图层绘制定位轴线。先调用"直线"命令沿水平和竖直方向各作一条直线为基准线，调用"偏移"命令作出其他轴线，如图 8-26a 所示。

2. 绘制墙体线

绘制墙体线的具体作图过程如下：

■ 新建墙体线图层并设为当前图层。

■ 创建多线样式。在命令行窗口输入"Mlstyle"命令，根据提示创建新的多线样式并重新命名，单击"继续"按钮后在弹出的"新建多线样式"对话框中勾选"起点""端点"复选框，使创建的多线封闭。然后定义多线的数量和偏移量，本例中墙体厚度为 240mm，因此添加两条线，偏移量分别设置为 −120mm 和 120mm。

■ 绘制墙体线。在命令行窗口输入"Mline"调用"多线"命令，根据提示选择对正类型为"无"，比例为"1"，以定位轴线为中心线，在此命令状态下绘制墙体线。

■ 编辑多线。在命令行窗口输入"Mledit"调用"多线编辑"命令，根据提示编辑绘制的墙体线的各个接口。

■ 修剪出门窗洞口。调用"修剪"命令留出门、窗的位置，结果如图 8-26b 所示。

3. 绘制细节

绘制细节的具体作图过程如下：

■ 新建细节图层并设为当前图层。

■ 在命令行窗口输入"Mlstyle"命令，根据提示创建新的多线样式，接着调用"多线"命令绘制窗户。可采用相同的方法调用命令，然后按照尺寸要求在空白处绘制好门的图形，再使用"移动"命令将其移入相应位置。按照尺寸绘制门口的阶梯。结果如图 8-26c 所示。

4. 标注

标注的具体作图过程如下：

■ 标注尺寸。在命令行窗口输入"Dimstyle"命令，根据提示创建新的标注样式，将两个箭头都设为"建筑标记"样式，调整线和文字的参数。创建完成后置为当前样式，调用"线性"命令标注直线型尺寸。

■ 绘制轴线圆。先调用"圆"和"直线"命令绘制轴线圆，用"创建块"命令将该轴线圆定义为块，将轴线编号用"Attdef"命令附加为块属性，在需要画轴线圆的位置用"插入块"命令插入图块即可。得到带有轴线编号和尺寸的建筑平面图如图 8-26d 所示。

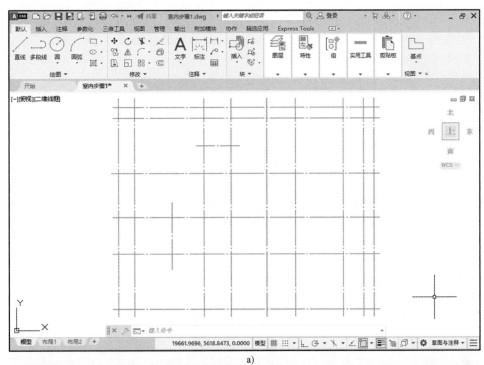

a)

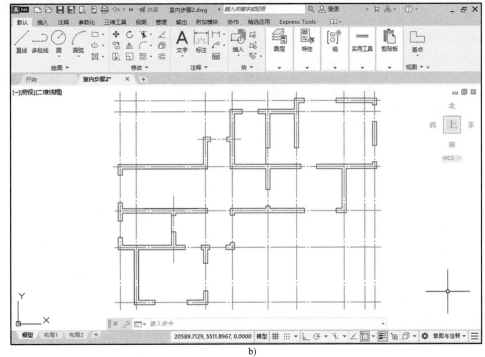

b)

图 8-26　绘制建筑平面图

a）绘制墙体定位轴线　b）绘制墙体线

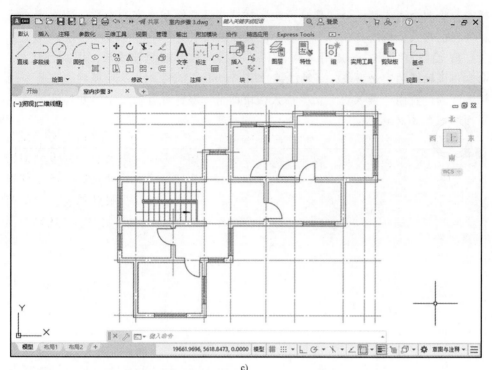

c)

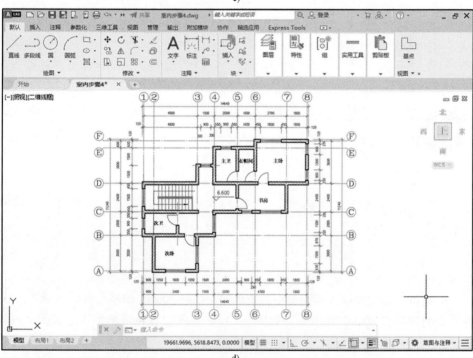

d)

图 8-26　绘制建筑平面图（续）

c）绘制细节　d）标注

第9章
室内设计施工图

室内设计的主要工作是在建筑主体内组织空间，布置家具与陈设，确定照明方式、灯具的类型和位置，装修地面、墙面、顶棚等界面，以及选用或设计饰物和景物等。室内设计可以看作建筑设计的延续和深化，因此，建筑制图的原理和方法大都能为室内设计所借鉴。我国没有制定出专门针对室内设计的统一规范与制图标准，设计师在绘制室内设计施工图时可参照 GB/T 50104—2010《建筑制图统一标准》。对于仅在室内设计施工图中存在而建筑设计施工图中没有的内容，则采用符合制图原理的并为多数人认可的习惯画法。

常用室内设计施工图主要包括以下内容：平面图、立面图、剖立面图、顶棚平面图、地面平面图和详图。在绘制以上图样时，建筑设计施工图中已经绘制过而且与室内设计无密切关系的内容不必重复绘制。

9.1 室内设计平面图

室内设计施工图中的平面图与建筑设计施工图中的平面图的形成方法完全相同，只是表现内容有所不同。室内平面图聚焦于房屋内部，主要表现室内环境要素，如家具和陈设等。

1. 平面图的主要内容

平面图主要表示：建筑的墙、柱、门窗洞口的位置和门的开启方式；表示隔断、屏风、帷幕等空间分隔物的位置和尺寸；表示台阶、坡道、楼梯、电梯的形式及地坪标高的变化；表示卫生洁具、室内景观绿化和其他固定设施的位置和形式；表示家具、陈设的形式和位置等。

另外，在平面图中应注写各个房间的名称，房间开间、进深及主要空间分隔物、固定设备的尺寸，不同地坪的标高，立面指向符号，详图索引符号，以及图名和比例等。

内视符号是室内设计平面图中独有的符号，它由等边直角三角形和圆圈组成，符号中的圆圈宜用细实线绘制，如图 9-1 所示。等腰直角三角形中，直角所指的垂直界面就是立面图所要表示的界面。圆圈上半部的数字为立面图的编号，下半部的数字为该立面图所在图样的编号。不管内视符号指向何方，用作编号的数字字头始终朝上。当所画的厅、室等空间较小，又有很多家具，而难于画出内视符号时，可用引出线将内视符号引到空间的外部。

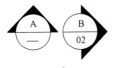
a)

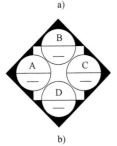
b)

图 9-1 内视符号
a）带索引的单面内视符号
b）带索引的四面内视符号

2. 平面图的画法

一般地，凡是剖到的墙、柱的断面轮廓线用粗实线绘制，家具、陈设、固定设备的轮廓线用中实线绘制，其余投影线则用细实线绘制，如图 9-2 所示。

（1）墙与柱　当墙面、柱面用涂料、壁纸及面砖等材料装修时，墙、柱的外面可不加线。当墙面、柱面用石材或木材等装修时，可参照装修层厚度，在其外面加画一条细实线，如图9-2所示。

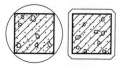

图9-2 柱的外轮廓画法

对剖面图而言，在比例较小的图面中，墙、柱不必画砖、混凝土等材料图例。为使图样清晰，可将钢筋混凝土墙、柱涂成黑色，如图9-3所示。

（2）门与窗 在平面图中，要按设计位置、尺寸，以及规定的图例画出门、窗，一般不必注写门窗号。当图样较小时，门、窗可用单线（中实线）表示，且可不画开启方向线，如图9-3所示。

（3）家具与陈设 当图样较小时，可按图例绘制家具与陈设，也可画出家具与陈设的简化外轮廓。而当图样较大时，图面中可加画些具有装饰意味的符号，如木纹、织物图案等。

（4）卫生洁具 卫生洁具包括面盆、淋浴器具、浴缸和便器等，一般可按统一图例绘制。当图样较大时，也可画出更加具体的轮廓和细节，使图面更加丰富和美观。

（5）地面 当地面做法比较简单时，可将其形式、材料和做法直接绘制和标注在平面图上，如图9-4所示。

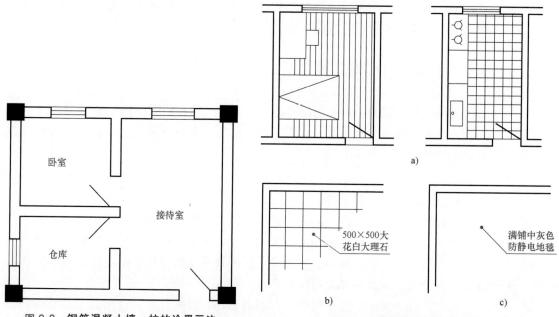

图9-3 钢筋混凝土墙、柱的涂黑画法

图9-4 地面做法的表示方法

地面做法有以下几种不同形式的绘制、标注方式：

■ 示意性画法。例如，可在居室平面图中画一些平行线来表示条木地板，在卫生间平面图中画一些方格来表示地面砖。如此绘制时，平行线的间距和方格的大小不一定与条木地板的宽窄和地面砖的大小相一致，如图9-4a所示。

■ 在平面图中选一块家具不多的地方，画出地面分格线，并标注尺寸、材料和颜色。分格的大小与实际分格的大小相同，如图9-4b所示。

■ 直接通过引出线标注地面的做法，如"满铺中灰色防静电地毯"等，如图9-4c所示。

3. 平面图的示例

图9-5所示为一套两室两厅的公寓平面图。

根据表现的需要，该公寓平面图中仅采用了两个内视符号，这是因为无特殊施工和装饰要求的室内立面墙不必画出立面图。在室内设计施工图中，厨房和卫生间做法通常都需另画详图，故在此平面图中可以仅较为概括地进行表示。

　　该公寓平面图中家具与陈设的图样是从计算机软件的图例库中直接调用的。如果需要，设计师则还可根据自己的喜好自制图例存于图库中待用。

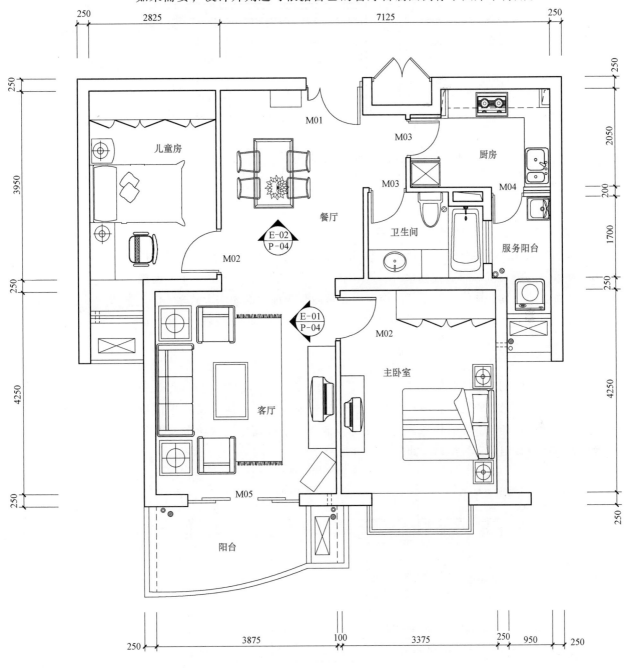

公寓平面图 1:50

图 9-5　公寓平面图

9.2　室内设计立面图和剖立面图

　　在室内设计中，设计师可用两种不同的图样表现竖直界面的形状、装修做法和其上的陈设：一种是立面图，另一种是剖立面图。

　　立面图与剖立面图的主要区别在于：剖立面图中需画出被剖到的侧墙及顶部

楼板和顶棚等，而立面图是直接绘制竖直界面正投影的图样，只需画出侧墙内表面，而不必画侧墙及楼板等。立面图与剖立面图的异同如图9-6所示。

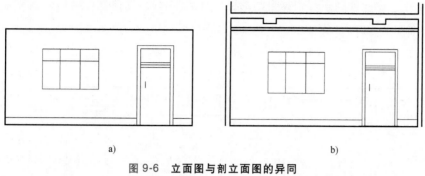

a)   b)

图9-6　立面图与剖立面图的异同

a）立面图　b）剖立面图

1. 立面图和剖立面图的主要内容

立面图和剖立面图主要表示：墙面、柱面的装修做法，包括材料、造型、尺寸等；表示门、窗及窗帘的形式和尺寸；表示隔断、屏风等的外观和尺寸；表现墙面、柱面上的灯具、挂件、壁画等装饰；表示室内景观绿化的做法形式等。

在立面图和剖立面图中应标注纵向尺寸、横向尺寸和标高，材料的名称，详图索引符号，以及图名和比例等。

2. 立面图和剖立面图的画法

立面图和剖立面图的最外轮廓线用粗实线绘制，地坪线可用加粗线（采用粗线的1.4倍线宽）绘制，装修构造的轮廓和陈设的外轮廓线用中实线绘制，对材料和质地的表现宜用细实线绘制，如图9-7、图9-8所示。

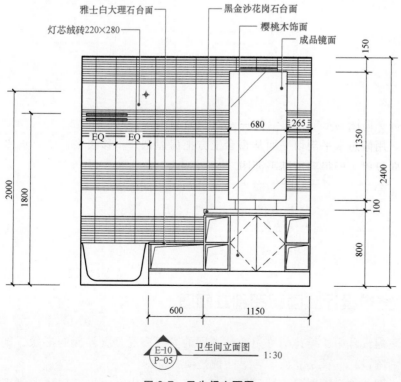

图9-7　卫生间立面图

3. 立面图和剖立面图示例

图 9-7 为图 9-5 所示公寓卫生间的立面图。该图的外轮廓线由内墙面、顶棚下表面、地表面的投影围合而成。该图中采用了引出线的方式添加文字说明，既直观明了，又整齐大方。该图提供的信息包括：墙面贴 220mm×280mm 规格的灯芯绒瓷砖；台式洗面盆柜体采用樱桃木饰面、黑金沙花岗石台面；旁边的储物柜以雅士白大理石为台面；在洗面盆上方安装了 680mm 宽的成品梳妆镜；浴缸上方装有两根毛巾杆和一个衣钩。

图 9-8 为图 9-5 所示公寓客厅的剖立面图，在立面图的基础上，增画了墙体、梁和楼板。家具、陈设配上文字引出注释，整个厅堂的立面效果表达得十分清楚。

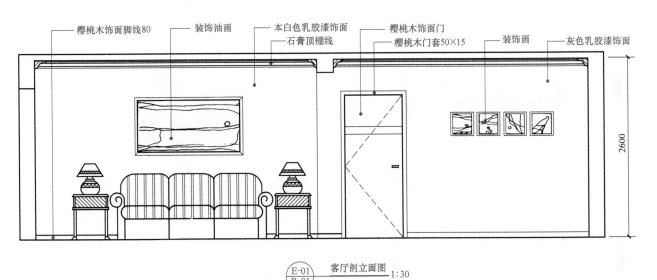

E-01 / P-01 客厅剖立面图 1:30

图 9-8 客厅剖立面图

9.3 室内设计顶棚平面图

顶棚平面图的形成方法与房屋建筑平面图基本相同，不同之处是投射方向恰好相反。用假想水平剖切平面从窗台上方把房屋剖开，移去平面之下的部分，向顶棚方向投射，即得到顶棚平面图。

1. 顶棚平面图的不同情况

假想水平剖切平面的位置不同，则剖切到的内容不同，门窗的表示方法也不同。水平剖切平面的位置如图 9-9a 所示，具体可分为以下三种情况：

（1）水平剖切平面略高于窗台　除少数高窗外，墙上的门窗洞口全部被剖到，如图 9-9b 所示。

（2）水平剖切平面低于窗的下沿但高于门的上沿　由于门未被剖到，故可以不作图表示。但为了能把门洞的位置表示清楚，常在门洞两侧画虚线，如图 9-9c 所示。

（3）水平剖切平面既高于门的上沿，也高于窗的上沿　由于墙上的门窗洞口全未被剖到,故可只画墙身。但为了能把门窗洞口的位置表示清楚,常在门窗洞口处画虚线,如图 9-9d 所示。

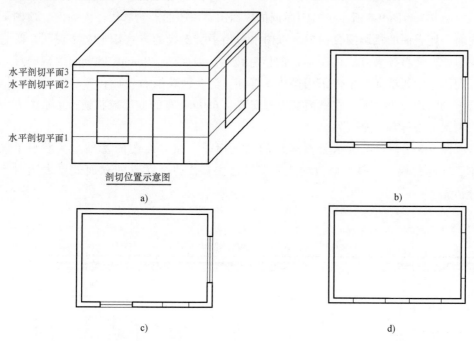

图 9-9　顶棚平面图中门窗的画法

a) 剖切位置示意图　b) 剖面 1　c) 剖面 2　d) 剖面 3

门窗洞口全部被剖到的顶棚平面图示例如图 9-10 所示。

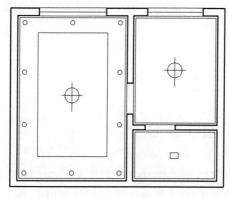

图 9-10　顶棚平面图

2. 顶棚平面图的主要内容

顶棚平面图主要表示:墙、柱、门窗洞口的位置;表示顶棚造型,包括浮雕、线角等;表示顶棚上的灯具、通风口、扬声器、烟感和喷淋等设备的位置。

顶棚平面图还应标注顶棚底面和分层吊顶的标高,分层吊顶的尺寸、材料,灯具、风口等设备的名称、规格和能够明确其位置的尺寸,详图索引符号,以及图名和比例等。

3. 顶棚平面图的画法

顶棚平面图宜采用镜像投影法绘制。在顶棚平面图中,凡是剖到的墙、柱的断面轮廓线用粗实线绘制，门窗洞口的位置用虚线绘制，顶棚造型及灯具设备等用中实线绘制，其余则用细实线绘制，如图 9-11 所示。

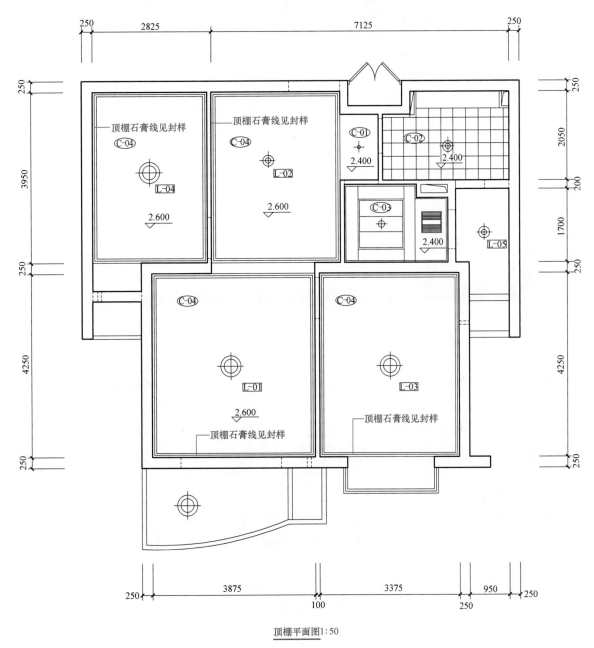

顶棚平面图1:50

图 9-11　顶棚平面图

顶棚平面的灯具和设备一般采用图例表示，由于室内设计涉及的灯具较多，建筑制图中又没有相应的规范，因此不同地区和设计实体使用的图例可能存在一定的差别。为了表达清楚和避免产生歧义，一般把顶棚平面图中使用过的图例列表加以说明，见表 9-1，该表格一般绘制在图纸的右下角。

结合表 9-1 的图例说明，可以从图 9-11 中看出：一进门为轻钢龙骨石膏板吊顶，并安装了石英射灯；餐厅、客厅、主卧室和儿童房的顶棚都采用了建筑顶棚油白围石膏线角，并安装了吸顶灯；厨房采用暗架龙骨白色方形铝扣板吊顶，并安装了吸顶灯；卫生间采用暗架龙骨白色条形铝扣板吊顶，并安装了 4 号防雾筒灯和暖风/排风机。

表 9-1　顶棚平面图图例说明

图例	说明
C-01	轻钢龙骨石膏板吊顶
C-02	暗架龙骨白色方形铝扣板吊顶,铝扣板规格为 300mm×300mm
C-03	暗架龙骨白色条形铝扣板吊板,铝扣板规格为 1200mm×300mm
C-04	建筑顶棚油白
⊕	吸顶灯/吊灯
✦	石英射灯
✦	4 号防雾筒灯
▤	暖风/排风机

9.4　室内设计地面平面图

地面平面图是表示地面做法的图样。地面做法非常简单时,可以不画地面平面图,只要在平面图上标注地面做法就行。地面做法比较复杂,有多种材料或多变的图案时,就要单独绘制地面平面图。地面平面图的形成方法与平面图的形成方法完全一样,不同之处在于地面平面图不画家具与陈设。

1. 地面平面图的主要内容

地面平面图主要表示建筑的墙、柱和门窗洞口的位置;表示地面的做法,如地面的形式、图案、材料和颜色;表示固定在地面的假山、水池等景观;表示固定于地面的设施设备等。

地面平面图还应标注材料的名称、规格和颜色,图案的尺寸和分格大小(达到能够放样的程度),地面标高,以及图名和比例等。

2. 地面平面图的画法

在地面平面图中,凡是剖到的墙、柱的断面轮廓线用粗实线绘制,固定设备的轮廓线用中实线绘制,地面分格线以细实线绘制,如图 9-12 所示。

如果地面做法复杂,使用了多种材料,则可以把地面平面图中使用过的材料列表加以说明,见表 9-2,该表格一般绘制在图纸的右下角。

在图 9-12 中,可以看出:餐厅地面铺 600mm×600mm 的仿米黄地砖,嵌40mm 宽的巴西红花岗石;客厅、主卧室、儿童房铺樱桃木的实木漆板;厨房铺300mm×300mm 的厨房地砖(厨房地砖为耐污型);卫生间铺 300mm×300mm 的卫生间地砖(卫生间地砖为防滑型);两个阳台都铺地砖;在以上每两种地面材料衔接的房间门口处用黑金沙花岗石过渡。

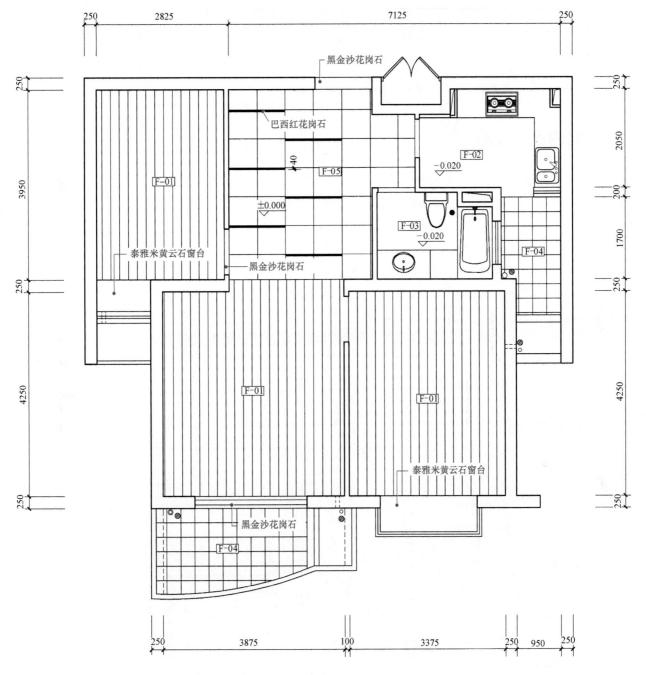

黑金沙花岗石

巴西红花岗石

F-02

−0.020

F-05

±0.000

F-01

F-03

−0.020

泰雅米黄云石窗台

黑金沙花岗石

F-04

F-01

F-01

泰雅米黄云石窗台

黑金沙花岗石

F-04

地面平面图 1:50

图 9-12　地面平面图

表 9-2　地面平面图图例说明

图例	说明
F-01	樱桃木实木漆板（有基层）
F-02	厨房地砖 B30703，规格为 300mm×300mm
F-03	卫生间地砖 30688A，规格为 300mm×300mm

（续）

图例	说明
F-04	阳台地砖
F-05	餐厅地砖,采用仿米黄地砖,规格为 600mm×600mm

9.5　室内设计详图

　　详图是室内设计中重点部分的放大图和结构做法图,一个工程需要画多少详图,以及画哪些部位的详图,要根据设计情况、工程大小及复杂程度而定。

1. 详图的主要内容

　　一般工程需要绘制墙面详图、柱面详图和楼梯详图;绘制特殊的门、窗、隔断、暖气罩和顶棚等建筑构配件的详图;绘制服务台、酒吧台、壁柜、洗面池等固定设施设备的详图;绘制水池、喷泉、假山、花池等造景的详图,以及专门为该工程设计的家具、灯具的详图等。绘制内容通常包括纵横剖面图、局部放大图和装饰大样图。

　　在详图中还应详细标注加工尺寸、材料的名称及工程做法。

2. 详图的画法

　　在详图中,凡是剖到的建筑结构和材料的断面轮廓线以粗实线绘制,其余以细实线绘制,如图 9-13 所示。

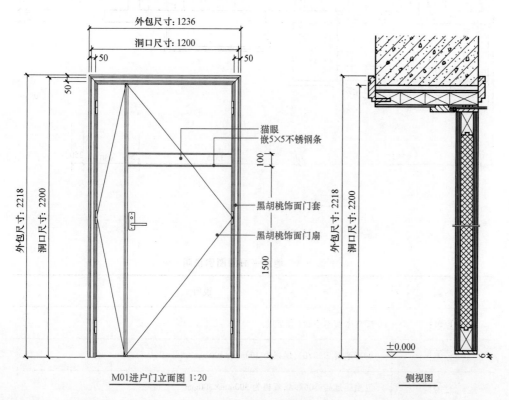

图 9-13　进户门详图

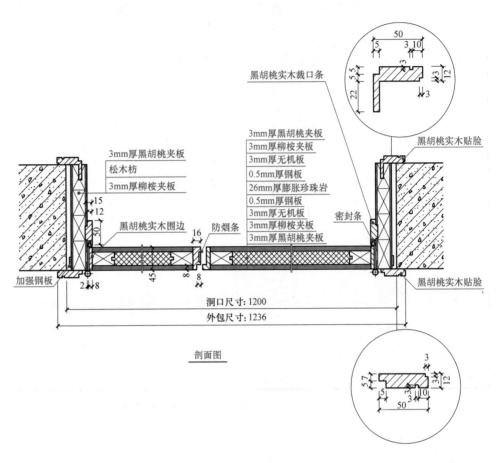

图 9-13　进户门详图（续）

　　一套室内设计施工图纸中通常应包含门的详图，图 9-13 为图 9-5 所示公寓中进户门的详图，该图中详细标注了各种尺寸和材料，绘制了纵、横两个剖面图，门的造型、材料和施工做法表达得十分清楚，对于实木造型还绘制了细节清晰的大样图。室内设计施工图中的详图比例一般较大，经常采用 1∶10、1∶5 和 1∶2 的比例，某些重点做法甚至会绘制 1∶1 的详图。

9.6　用 AutoCAD 绘制室内设计平面图

　　用 AutoCAD 可以很方便地绘制室内设计平面图，可以用现成的家具库对房间进行布置，也可以自己创建一些家具图案加入到库中，以便以后调用。

　　以图 8-26d 所示用 AutoCAD 绘制的建筑室内设计平面图为例，对客厅进行简单的家具摆放。步骤和方法如下：

　　■ 打开建筑室内平面图，局部放大。

　　■ 分别打开床、洗脸台、餐桌等文件，分别调用"复制"和"粘贴"命令把设计所需的家具放入到室内平面图中。

　　■ 如果放入的家具尺寸与平面图中的尺寸不协调，则可调用"缩放"命令对家具进行放大或缩小，直到尺寸合适为止，如图 9-14 所示。

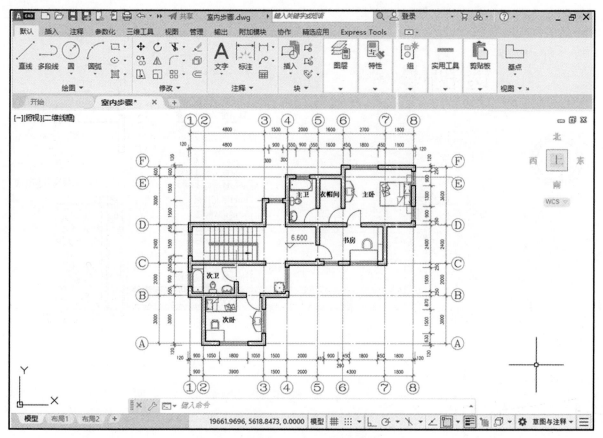

图 9-14　室内设计平面图中的家具摆放

第 10 章
透视图

透视图也是一种立体图。透视图能使所要表现的物体呈近大远小的关系，符合人的视觉原理，因此图形显得更加自然逼真。透视图作为建筑制图的表现形式之一，在构思设计方案及效果图制作方面的运用由来已久，因此绘制透视图是工业设计师应具备的基本专业技能。

10.1 透视图的基本原理

透视图是用中心投影法将物体投射在单一投影面上所得到的具有立体感的图形。透视图的形成原理如图 10-1a 所示，人在竖立的玻璃板上描绘所见景物，景物在玻璃面上呈现的图像就是一幅透视图。

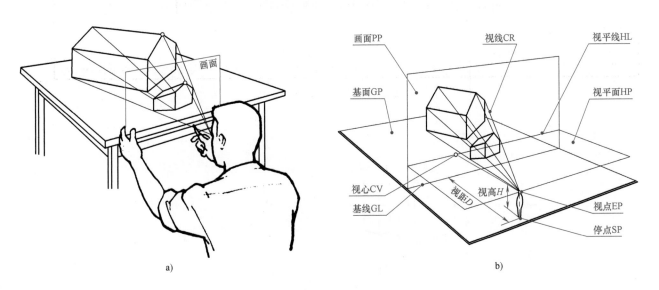

a) b)

图 10-1 透视图的形成原理和常用术语

a）透视图的形成原理 b）透视图的常用术语

如图 10-1b 所示，透视图的常用术语有如下几种：

- 基面 GP——观察者站立的地面。
- 画面 PP——绘制透视图的投影平面。
- 基线 GL——画面与基面的交线。
- 视点 EP——观察者眼睛所在的位置。
- 停点 SP——观察者站立的位置。
- 视心 CV——由视点垂直投射到画面上的点。
- 视平面 HP——过视心并平行于基面的平面。
- 视高 H——视点到基面的高度。

■ 视距 D——停点到画面的距离。

■ 视平线 HL——过视心并平行于基线的直线。

■ 视线 CR——对象物上的点与视点相连的直线。

■ 足线 FL——视线投射到基面上的线。

透视图的另一重要术语是灭点。平行于地面（基面）的直线，如果不与画面平行，则其透视图必然相交于视平线 HL 上的某一点，该点称为灭点 VP。换言之，灭点是直线上无穷远点的透视。不平行于画面的一组平行线将相交于画面中同一灭点。

透视图通常按灭点数目的不同来分类：

（1）一点透视　一点透视即平行透视。一点透视中的画面应与物体的一个面相平行，因此只存在一个灭点，如图 10-2a 所示。

（2）二点透视　二点透视即角透视。当物体的高度方向与画面平行时，沿高度方向的棱线在透视图中仍互相平行，而另两个方向的棱线分别指向两边的灭点，如图 10-2b 所示。

（3）三点透视　三点透视即斜透视，建筑透视中的鸟瞰图一般属于此种透视图。物体无一边平行于画面，即物体的三个方向的棱线均倾斜于画面，分别指向三个灭点，如图 10-2c 所示。

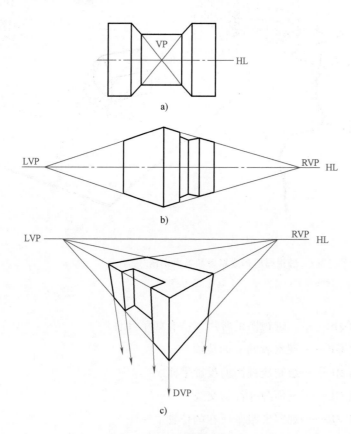

图 10-2　透视图的种类

a）一点透视　b）二点透视　c）三点透视

透视图的实例如图 10-3 所示。

图 10-3　透视图的实例

a）餐馆室内一点透视图　b）自动售饮料机的二点透视图　c）叉式升降机的三点透视图

10.2　透视图的画法

1. 一点透视图

画图前先要确定视平线 HL、基线 GL、视点 EP 及灭点 VP 的位置。图 10-4 所示为一点透视图参数的确定。一般在作图时可不标视点 EP，而是将其到画面的距离直接移到视平线 HL 上定下左灭点 VPL 和右灭点 VPR，如图 10-4 所示，可以看出，眼睛高度为 1.5m，人到画面的距离为 3m。各参数的具体数值可根据所画物体的尺寸及渲染效果而定。

一点透视图常用于室内设计，下面介绍室内透视图的画法。为确定室内深度方向的尺寸，可利用正方形网格辅助作图。由图 10-5 中的平面图可见，地面铺设了一米见方的地砖，图面中的砖缝线起着坐标基准的作用。作图时，选择画面与房屋的东墙壁重合。

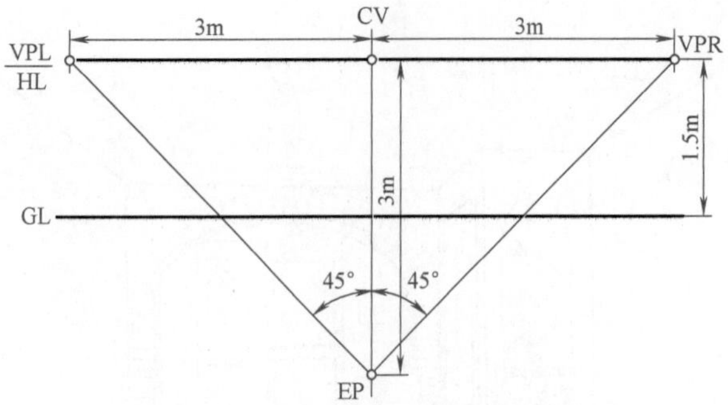

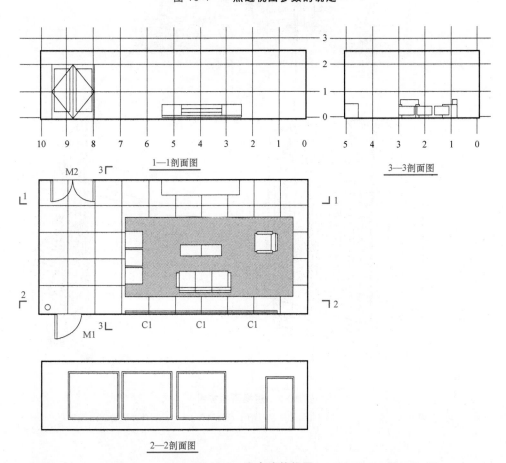

图 10-4 一点透视图参数的确定

1—1剖面图　　　　　　　　　3—3剖面图

2—2剖面图

图 10-5 室内建筑视图

■ 如图 10-6 所示，作线 HL 和线 GL，确定 CV，由 CV 向右移 L 距离定下 VP45°，L 为眼睛到画面的距离。

■ 地砖为 1000mm×1000mm 的正方形，可借助其对角线完成全部砖缝线，如图 10-6 所示。

■ 利用网格法根据地砖缝线画出家具的位置线框，将墙壁、门、窗的铅垂线与交于 CV 的房顶角线、上窗框等线相连，如图 10-7 所示。

■ 逐个画出家具等物品。因为透视图呈现近大远小的效果，作图时，必须利用辅助方法，间接获取尺寸。如图 10-8 所示，以墙边电视柜为例，从点 A、B、C、D 向上画铅垂线；由点 A 引水平线，在此线上取 500mm，而 500mm 的长度是相对于同样深度处 1000mm 长的地砖尺寸而推测的；将此尺寸转移到铅垂线上，则确定了电视柜的高度。

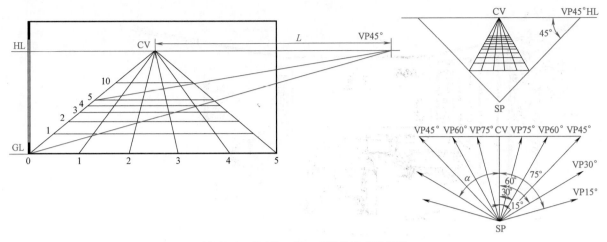

图 10-6　作 HL、GL、CV 并完成砖缝线

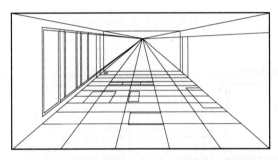

图 10-7　画出家具、门、窗、墙壁的位置框线

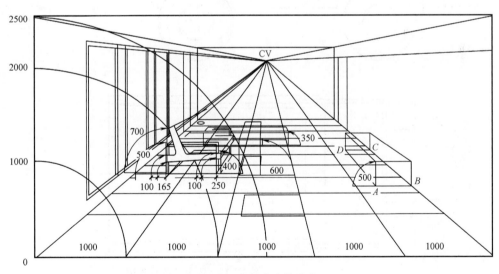

图 10-8　家具高度的确定

■ 将所得线图拓印到卡纸或描图纸上，再进行渲染，徒手添画植物、吊灯、人物及壁画等，一幅室内效果图便告完成，如图 10-9 所示。

2. 二点透视图

欲了解二点透视图的基本作图理论，可查阅相关教材或参考资料，这里仅以一个实例来说明二点透视图的画法。已知翻斗车的三视图如图 10-10 所示，画其二点透视图。

图 10-9　以透视线图为基础画出的室内效果图

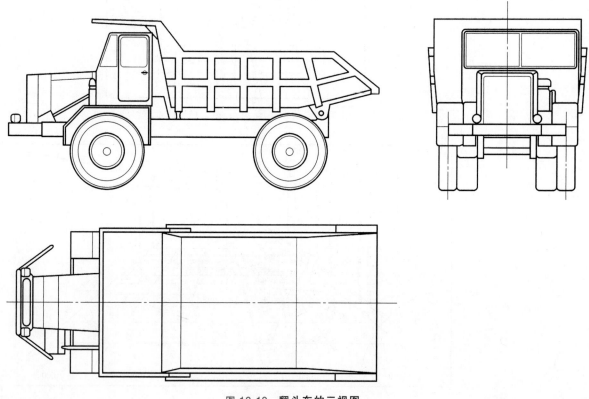

图 10-10　翻斗车的三视图

■ 首先将视点定在汽车的右上方，如图 10-11a 所示，然后确定视点、画面及汽车之间的相对关系，进而确定作图中必要的尺寸，标出各点和线，如图 10-11b 所示。

■ 以点 O 为起点，将三视图中的主要三维尺寸分别移至透视画面中，如图 10-12 所示。利用 MPL、MPR 将这些尺寸移至左、右透视方向线上，在透视线框底面上画出翻斗的平面图，求出翻斗车正面图的透视投影。

■ 利用前述作图基准线，分别将车轮、货斗和车头用三张图纸画出，如图 10-13 所示。

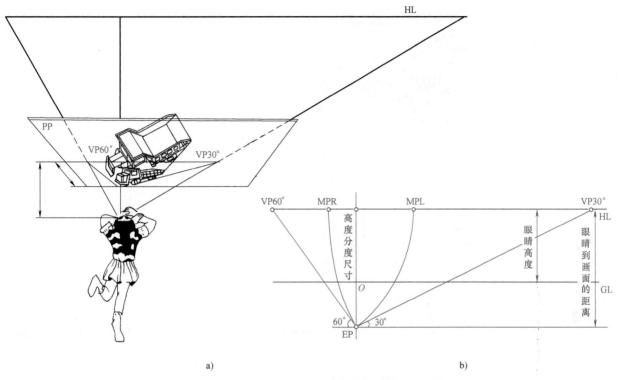

图 10-11　确定视点、画面及汽车之间的相对关系

a）视点位置示意图　b）标出各点和线

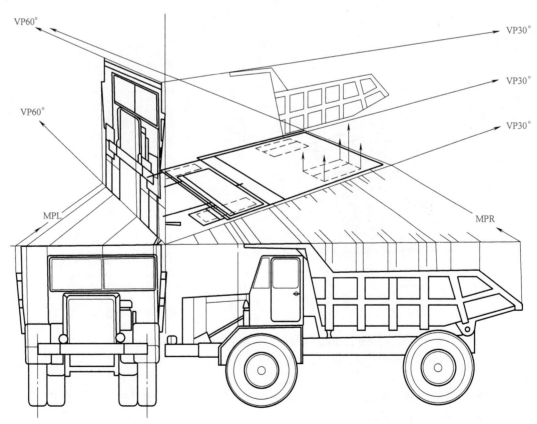

图 10-12　将三视图中的主要三维尺寸分别移至透视画面

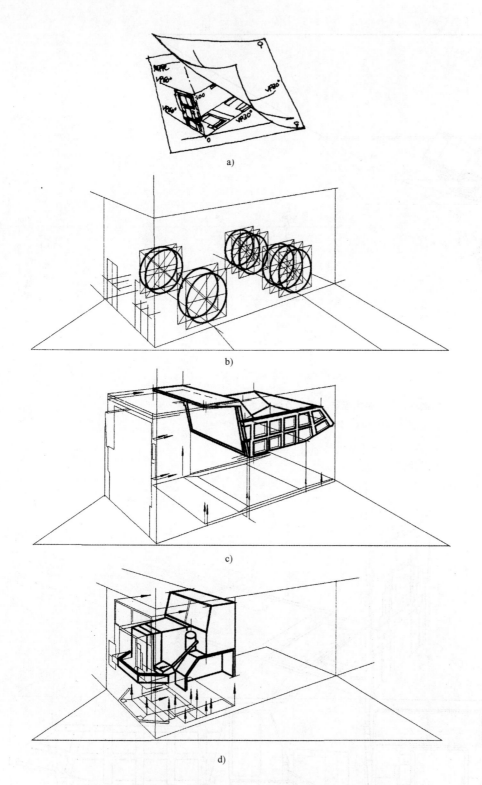

图 10-13　利用前述作图基准线，分别画出车轮、货斗和车头

a）已画出的透视投影图样　b）车轮画法　c）货斗画法　d）车头画法

　　■ 用描图纸分别将车轮、货斗和车头的透视图拓印在同一张图样上，注意基准线对齐，如图 10-14 所示。

　　最后得到翻斗车透视图的综合说明图，如图 10-15 所示。

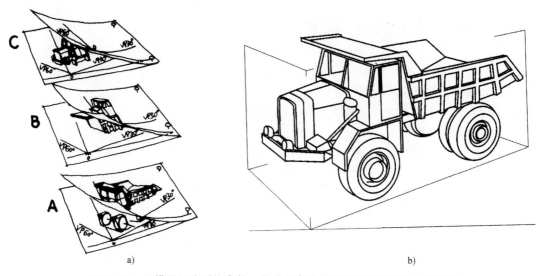

图 10-14　用描图纸分别将车轮、货斗和车头的透视图拓印到同一张图样上

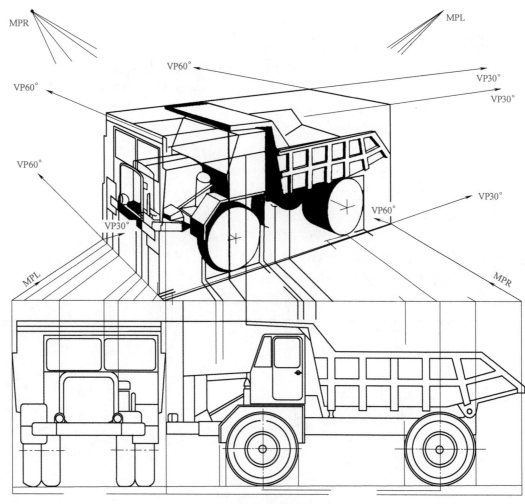

图 10-15　翻斗车透视图的综合说明图

199

透视图的画法多种多样，其中不乏简便实用的巧妙技法，由于篇幅限制，这里无法一一介绍，感兴趣的读者可参阅本书主编聂桂平编写的《工业设计表现技法》及其他有关教材和专著。

三点透视图的画法本书不予介绍。

10.3　用 AutoCAD 绘制透视图

在 AutoCAD 中，构造出物体的三维实体模型后，生成透视图十分简单，用"Dview"命令便可轻松实现。

"Dview"用于使用相机和目标来定义平行投影或透视视图，在生成视图过程中可以实时动态地观察。该命令类似照相机原理，由相机"Camera"和目标"Target"两点确定拍摄方位，通过变化距离"Distance"来放大和缩小视图。通过改变相机位置来改变观察的角度，其命令格式为：

命令：Dview

选择对象或<使用 DVIEWBLOCK>：

输入选项

［相机（CA）/目标（TA）/距离（D）/点（PO）/平移（PA）/缩放（Z）/扭曲（TW）/剪裁（CL）/隐藏（H）/关（O）/放弃（U）］：

命令中的主要选项含义如下：

（1）相机（CA）　通过围绕目标点旋转相机来指定新的目标位置。旋转量由两个角度决定。

（2）目标（TA）　通过围绕相机旋转指定新的目标位置。这种效果就像是转动头部，以便从有利位置观看图形的不同部分。旋转的量由两个角度决定。

（3）距离（D）　相对于目标沿着视线移近或移远相机。此选项打开透视图，这使距离相机远的对象看起来比距离相机近的对象小。系统会用一个特殊的透视图标代替坐标系图标，并将提示输入新的相机到目标的距离。

（4）点（PO）　使用 x、y、z 坐标定位相机和目标点，可以使用 xyz 点过滤器，必须在非透视图中指定这些点。如果透视图是打开的，当指定新的相机位置和目标位置时，AutoCAD 将关闭该视图并再次显示透视图中的预览图像。

操作演示
用AutoCAD
绘制透视图

在生成透视图时，应该注意相机和三维实体模型的距离和视高，如果选择的距离或视高不合适，就会使小的物体给人很庞大的感觉，或大的物体却让人感觉很小。

某建筑物的轴测投影图如图 10-16a 所示，用"Dview"命令生成的一个角度的透视图如图 10-16b 所示（操作步骤详见演示视频，扫码观看）。

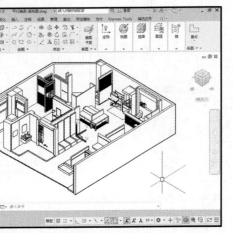

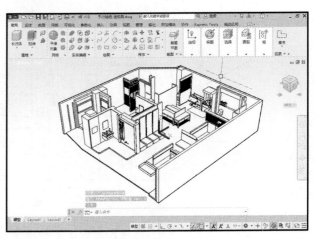

a)　　　　　　　　　　　　　　　　b)

图 10-16　某建筑的轴测投影图和透视图

a）轴测投影图　b）透视图

附录

附录 A AutoCAD 常用命令参考

表 A-1 常用绘图命令

按钮	命令行窗口命令	按钮名称	功能说明
	Line	直线	创建一系列连续的直线段,每条线段都是可以单独进行编辑的直线对象
	Xline	构造线	创建无限长的构造线,尤其适用于构造参照线、修剪边界
	Pline	多段线	创建二维多段线,它是由直线段和圆弧段组成的单个对象
	Polygon	多边形	创建 3~1024 边的等边闭合多段线
	Rectang	矩形	可以指定对角点、尺寸、面积和角点类型等来创建闭合矩形多段线
	Arc	圆弧	可以指定圆心、端点、起点、半径、角度、弦长和方向值等来创建圆弧
	Circle	圆	可以指定圆心、半径、直径、圆周上的点和其他对象上的点等来创建圆
	Spline	样条曲线	创建经过或靠近一组拟合点或由控制框的顶点定义的平滑曲线
	Ellipse	椭圆	创建椭圆
	Ellipse	椭圆弧	创建椭圆弧
	Insert	插入块	显示"块"选项板,可用于将块和图形插入到当前图形中
	Block	创建块	从选定的对象中创建一个块定义,并将显示"块定义"对话框
	Wblock	写块	将选定对象保存到指定的图形文件或将块转换为指定的图形文件,打开"写块"对话框
	Point	点	创建点对象,适用于构造捕捉对象的节点
	Hatch	图案填充	使用填充图案、实体填充或渐变填充来填充封闭区域或选定对象
	Region	面域	将封闭区域的对象转换为二维面域对象
	Table	表格	创建空的表格对象
	Mtext	多行文字	创建多行文字对象

表 A-2　常用图形编辑命令

按钮	命令行窗口命令	按钮名称	功能说明
	Erase	删除	从图形中删除对象
	Copy	复制对象	在指定方向上按指定距离复制对象
	Mirror	镜像	创建选定对象的镜像副本
	Offset	偏移	可以在指定距离或通过一个点创建对象副本
	Array	阵列	创建按指定方式排列的对象副本
	Move	移动	在指定方向上按指定距离移动对象
	Rotate	旋转	绕基点按照一个角度旋转对象
	Scale	缩放	放大或缩小选定对象,使缩放后对象的比例保持不变
	Stretch	拉伸	拉伸与选择窗口或多边形相交叉的对象
	Trim	修剪	修剪对象以与其他对象的边相接
	Lengthen	拉长	更改对象的长度和圆弧的包含角
	Breakatpoint	打断于点	在指定点处将选定对象打断为两个对象
	Break	打断	在两点之间打断选定对象
	Chamfer	倒角	为两个二维对象的边或三维实体的相邻面创建斜角或倒角
	Fillet	圆角	为两个二维对象创建圆角,或者为三维实体的相邻面创建圆角曲面
	Measuregeom	测量	测量选定对象的距离、半径、角度、面积和体积,测量一系列点或动态测量
	Explode	分解	将复合对象分解为其组成对象

表 A-3　功能区辅助绘图功能及状态按钮

按钮	按钮名称	功能说明
	栅格显示	打开和关闭栅格显示
	栅格捕捉	限制光标按指定的栅格间距移动

（续）

按钮	按钮名称	功能说明
	正交	锁定光标按水平或竖直方向移动
	极轴追踪	引导光标按指定的角度移动
	等轴测草图	通过沿三个主要的等轴测轴对齐对象,模拟三维对象的等轴测视图
	对象捕捉追踪	从对象捕捉位置开始水平和竖直地追踪光标
	二维对象捕捉	打开和关闭二维对象捕捉,有端点、中点、圆心等多种捕捉模式,见表 A-4
	线宽	显示指定给对象的线宽
	标注可见性	使用注释比例显示注释性对象。禁用后,注释性对象将以当前比例显示
	自动缩放	当注释比例发生更改时,自动将注释比例添加到所有的注释性对象
	标注比例	设置模型空间中的注释性对象的当前注释比例
	切换工作空间	将当前工作空间更改为您选择的工作空间

表 A-4 常用二维对象捕捉模式

按钮	模式名称	按钮名称	功能说明
	End	端点	捕捉到几何对象的最近端点或角点
	Mid	中点	捕捉到几何对象的中点
	Cen	圆心	捕捉到圆弧、圆、椭圆或椭圆弧的中心点
	Int	交点	捕捉到几何对象的交点
	Per	垂足	捕捉到垂直于所选几何对象的点
	Tan	切点	捕捉到圆弧、圆、椭圆、椭圆弧、多段线圆弧或样条曲线的切点
	Nea	最近点	捕捉到对象(如圆弧、圆、椭圆、椭圆弧、直线、点、多段线、射线、样条曲线或构造线)的最近点
	Par	平行	可以通过悬停光标来约束新直线段、多段线线段、射线或构造线以使其与标识的现有线性对象平行

表 A-5　常用尺寸命令

按钮	命令行窗口命令	按钮名称	功能说明
	Dimlinear	线性	创建线性尺寸标注
	Dim	标注	使用单个命令创建多个尺寸标注和标注类型
	Dimaligned	对齐	创建对齐线性尺寸标注
	Dimbaseline	基线	从上一个标注或选定标注的基线处创建线性尺寸标注、角度标注或坐标标注
	Dimcontinue	连续	创建从上一个标注或选定标注的尺寸界线开始的标注
	Dimedit	倾斜	创建尺寸界线倾斜的线性尺寸标注
	Dimradius	半径	为圆或圆弧创建半径尺寸标注
	Dimdiameter	直径	为圆或圆弧创建直径尺寸标注
	Dimjogged	折弯	为圆和圆弧创建折弯的半径尺寸标注
	Dimangular	角度	创建角度标注
	Dimarc	弧长	创建圆弧长度标注
	Dimstyle	标注样式	创建和修改标注样式，打开"标注样式管理器"对话框
	Mleader	多重引线	创建多重引线对象
	Mleaderstyle	修改多重引线样式	创建和修改多重引线样式，打开"修改多重引线样式"对话框
	Text	单行文字	创建单行文字对象
	Mtext	多行文字	创建多行文字对象

附录 B   常用标准件

1. 螺栓

六角头螺栓(GB/T 5782—2016)　　　　　　六角头螺栓　全螺纹(GB/T 5783—2016)

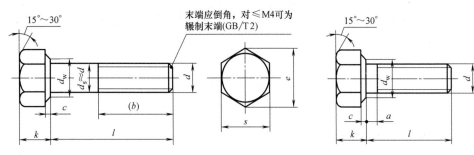

标记示例：

螺纹规格 d＝M12、公称长度 l＝80mm、性能等级为 8.8 级、表面不经处理、产品等级为 A 级的六角头螺栓，其标记为：

螺栓　GB/T 5782　M12×80

若为全螺纹，则其标记为：

螺栓　GB/T 5783　M12×80

表 B-1　螺栓规格尺寸　　　　　　　　　　　　　（单位：mm）

螺纹规格 d		M3	M4	M5	M6	M8	M10	M12	M16	M20	M24	M30
a　max（GB/T 5783—2016）		1.5	2.1	2.4	3	4	4.5	5.3	6	7.5	9	10.5
b（参考）（GB/T 5782—2016）	l（公称）≤125	12	14	16	18	22	26	30	38	46	54	66
	125<l（公称）≤200	18	20	22	24	28	32	36	44	52	60	72
	l（公称）>200	31	33	35	37	41	45	49	57	65	73	85
c	min	0.15	0.15	0.15	0.15	0.15	0.15	0.15	0.2	0.2	0.2	0.2
	max	0.4	0.4	0.5	0.5	0.6	0.6	0.6	0.8	0.8	0.8	0.8
d_w min	产品等级为 A 级	4.57	5.88	6.88	8.88	11.63	14.63	16.63	22.49	28.19	33.61	—
	产品等级为 B 级	4.45	5.74	6.74	8.74	11.47	14.47	16.47	22	27.7	33.25	42.75
e min	产品等级为 A 级	6.01	7.66	8.79	11.05	14.38	17.77	20.03	26.75	33.53	39.98	—
	产品等级为 B 级	5.88	7.50	8.63	10.89	14.20	17.59	19.85	26.17	32.95	39.55	50.85
k　公称		2	2.8	3.5	4	5.3	6.4	7.5	10	12.5	15	18.7
s　max=公称		5.5	7	8	10	13	16	18	24	30	36	46
l（公称）系列		6、8、10、12、16、20、25、30、35、40、45、50、55、60、65、70、80、90、100、110、120、130、140、150、160、180、200、220、240、260、280、300、320、340、360、380、400、420、440、460、480、500

注：1. A 级用于 d≤24mm 和 l<10d，或者 l≤150mm 的螺栓；B 级用于 d>24mm 或 l>10d，或者 l>150mm 的螺栓。

2. 螺纹规格 d 的范围为 M1.6～M64。

2. 双头螺柱

双头螺柱 $b_m = d$(GB/T 897—1988)　　　　　双头螺柱 $b_m = 1.5d$(GB/T 899—1988)

双头螺柱 $b_m = 1.25d$(GB/T 898—1988)　　　双头螺柱 $b_m = 2d$(GB/T 900—1988)

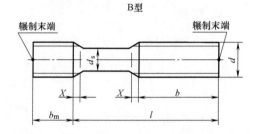

A 型　　　　　　　　　　　　　　　B 型

标记示例：

两端均为粗牙普通螺纹、$d = 10$mm、$l = 50$mm、性能等级为 4.8 级、不经表面处理、B 型、$b_m = d$ 的双头螺柱，其标记为：

螺柱　GB/T 897　M10×50

旋入机体端为粗牙普通螺纹、旋螺母端为螺距 $P = 1$mm 的细牙普通螺纹、$d = 10$mm、$l = 50$mm、性能等级为 4.8 级、不经表面处理、A 型、$b_m = 1d$ 的双头螺柱，其标记为：

螺柱　GB/T 897 AM10—M10×1×50

表 B-2　螺柱规格尺寸　　　　　　　（单位：mm）

螺纹规格 d		M5	M6	M8	M10	M12	M16	M20	M24	M30	M36	M42
b_m 公称	GB/T 897 —1998	5	6	8	10	12	16	20	24	30	36	42
	GB/T 898 —1988	6	8	10	12	15	20	25	30	38	45	52
	GB/T 899 —1988	8	10	12	15	18	24	30	36	45	54	63
	GB/T 900 —1988	10	12	16	20	24	32	40	48	60	72	84
d_s　max		5	6	8	10	12	16	20	24	30	36	42
X　max		2.5P	2.5P	2.5P	2.5P	2.5P	2.5P	2.5P	2.5P	2.5P	2.5P	2.5P
$\dfrac{l}{b}$		$\dfrac{16\sim22}{10}$	$\dfrac{20\sim22}{10}$	$\dfrac{20\sim22}{12}$	$\dfrac{25\sim28}{14}$	$\dfrac{25\sim30}{16}$	$\dfrac{30\sim38}{20}$	$\dfrac{35\sim40}{25}$	$\dfrac{45\sim50}{30}$	$\dfrac{60\sim65}{40}$	$\dfrac{65\sim75}{45}$	$\dfrac{70\sim80}{50}$
		$\dfrac{25\sim50}{16}$	$\dfrac{25\sim30}{14}$	$\dfrac{25\sim30}{16}$	$\dfrac{30\sim38}{16}$	$\dfrac{32\sim40}{20}$	$\dfrac{40\sim55}{30}$	$\dfrac{45\sim65}{35}$	$\dfrac{55\sim75}{45}$	$\dfrac{70\sim90}{50}$	$\dfrac{80\sim110}{60}$	$\dfrac{85\sim110}{70}$
			$\dfrac{32\sim75}{18}$	$\dfrac{32\sim90}{22}$	$\dfrac{40\sim120}{26}$	$\dfrac{45\sim120}{30}$	$\dfrac{60\sim120}{38}$	$\dfrac{70\sim120}{46}$	$\dfrac{80\sim120}{54}$	$\dfrac{95\sim120}{66}$	$\dfrac{120}{78}$	$\dfrac{120}{90}$
					$\dfrac{130}{32}$	$\dfrac{130\sim180}{36}$	$\dfrac{130\sim200}{44}$	$\dfrac{130\sim200}{52}$	$\dfrac{130\sim200}{60}$	$\dfrac{130\sim200}{72}$	$\dfrac{130\sim200}{84}$	$\dfrac{130\sim200}{96}$
										$\dfrac{210\sim250}{85}$	$\dfrac{210\sim300}{97}$	$\dfrac{210\sim300}{109}$
l 系列		16、(18)、20、(22)、25、(28)、30、(32)、35、(38)、40、45、50、(55)、60、(65)、70、(75)、80、(85)、90、(95)、100、110、120、130、140、150、160、170、180、190、200、210、220、230、240、250、260、280、300										

注：1. P 为粗牙螺纹的螺距。

　　2. 尽可能不采用括号内的规格。

3. 螺钉

（1）圆柱头螺钉

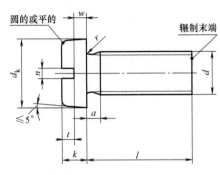
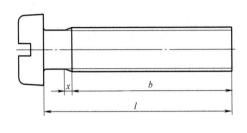

标记示例：

螺纹规格 d＝M5、公称长度 l＝20mm、性能等级为 4.8 级的开槽圆柱头螺钉，其标记为：

螺钉　GB/T 65　M5×20

表 B-3　圆柱头螺钉规格尺寸　　　　　　（单位：mm）

螺纹规格 d		M3	M4	M5	M6	M8	M10
a	max	1	1.4	1.6	2	2.5	3
b	min	25	38	38	38	38	38
d_k	公称＝max	5.5	7	8.5	10	13	16
	min	5.32	6.78	8.28	9.78	12.73	15.73
k	公称＝max	2	2.6	3.3	3.9	5	6
	min	1.86	2.46	3.12	3.6	4.7	5.7
n	公称	0.8	1.2	1.2	1.6	2	2.5
r	min	0.1	0.2	0.2	0.25	0.4	0.4
t	min	0.85	1.1	1.3	1.6	2	2.4
x	max	1.25	1.75	2	2.5	3.2	3.8
l(公称)系列		2、3、4、5、6、8、10、12、(14)、16、20、25、30、35、40、45、50、(55)、60、(65)、70、(75)、80					

注：1. 尽可能不采用括号内的规格。

　　2. 当 d≤M3 且 l≤30mm 时，或者 d≥M4 且 l≤40 时，螺钉制出全螺纹。

　　3. 螺纹规格 d 的范围为 M1.6～M10。

（2）沉头螺钉

开槽沉头螺钉(GB/T 68—2016)　　　　　开槽半沉头螺钉(GB/T 69—2016)

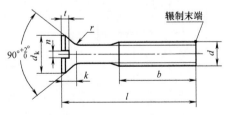
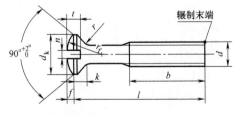

标记示例：

螺纹规格 d＝M5、公称长度 l＝20mm、性能等级为 4.8 级、表面不经处理的 A 级开槽沉头螺钉，其标记为：

螺钉　GB/T 68　M5×20

标记示例：

螺纹规格 d＝M5、公称长度 l＝20mm、性能等级为 4.8 级、表面不经处理的 A 级开槽半沉头螺钉，其标记为：

螺钉　GB/T 69　M5×20

表 B-4　沉头螺钉规格尺寸　　　　　　　　　　　（单位：mm）

螺纹规格 d		M2	M2.5	M3	M4	M5	M6	M8	M10
b　min		25	25	25	38	38	38	38	38
d_k 实际	公称＝max	3.8	4.7	5.5	8.4	9.3	11.3	15.8	18.3
	min	3.5	4.4	5.2	8.04	8.94	10.87	15.37	17.78
k　公称＝max		1.2	1.5	1.65	2.7	2.7	3.3	4.65	5
$r_f \approx$ (GB/T 69—2016)		4	5	6	9.5	9.5	12	16.5	19.5
n　公称		0.5	0.6	0.8	1.2	1.2	1.6	2	2.5
t	GB/T 68—2016 min	0.4	0.5	0.6	1	1.1	1.2	1.8	2
	GB/T 68—2016 max	0.6	0.75	0.85	1.3	1.4	1.6	2.3	2.6
	GB/T 69—2016 min	0.8	1.0	1.2	1.6	2.0	2.4	3.2	3.8
	GB/T 69—2016 max	1	1.2	1.45	1.9	2.4	2.8	3.7	4.4
l（公称）系列		2.5、3、4、5、6、8、10、12、（14）、16、20、25、30、35、40、45、50、（55）、60、（65）、70、（75）、80								

注：1. 尽可能不采用括号内的规格。

　　2. 当 $d \leqslant$ M3 且 $l \leqslant$ 30mm 时，或者 $d \geqslant$ M4 且 $l \leqslant$ 45mm 时，制出全螺纹。

　　3. 螺纹规格 d 的范围为 M1.6~M10。

（3）紧定螺钉

开槽锥端紧定螺钉　　　　　开槽平端紧定螺钉　　　　开槽长圆柱端紧定螺钉
（GB/T 71—2018）　　　　　（GB/T 73—2017）　　　　（GB/T 75—2018）

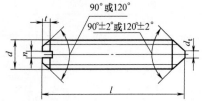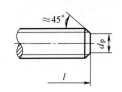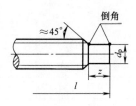

标记示例：

螺纹规格 d＝M5、公称长度 l＝12mm、硬度等级为 14H 级、表面不经处理、产品等级为 A 级的开槽锥端紧定螺钉，其标记为：

螺钉 GB/T 71　M5×12

表 B-5　紧定螺钉规格尺寸　　　　　　　　　　　（单位：mm）

螺纹规格 d		M1.6	M2	M2.5	M3	M4	M5	M6	M8	M10	M12
螺距 P		0.35	0.4	0.45	0.5	0.7	0.8	1	1.25	1.5	1.75
n　公称		0.25	0.25	0.4	0.4	0.6	0.8	1	1.2	1.6	2
t　max		0.74	0.84	0.95	1.05	1.42	1.63	2	2.5	3	3.6
d_t　max (GB/T 71—2018)		0.16	0.2	0.25	0.3	0.4	0.5	1.5	2	2.5	3
d_p　max (GB/T 73—2017、GB/T 75—2018)		0.8	1	1.5	2	2.5	3.5	4	5.5	7	8.5
z　max		1.05	1.25	1.5	1.75	2.25	2.75	3.25	4.3	5.3	6.3
l 公称	GB/T 71—2018	2~8	3~10	3~12	4~16	6~20	8~25	8~30	10~40	12~50	14~60
	GB/T 73—2017	2~8	2~10	2.5~12	3~16	4~20	5~25	6~30	8~40	10~50	12~60
	GB/T 75—2018	2.5~8	3~10	4~12	5~16	6~20	8~25	8~30	10~40	12~50	14~60
l 系列		2、2.5、3、4、5、6、8、10、12、（14）、16、20、25、30、35、40、45、50、（55）、60									

注：1. 尽可能不采用括号内的规格。

　　2. GB/T 71 规定，螺纹规格 $d \leqslant$ M5 的螺钉不要求锥端平面部分尺寸（d_t），可以倒圆。

4. 螺母

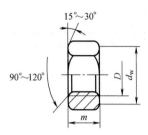

1型六角螺母 C级
(GB/T 41—2016)

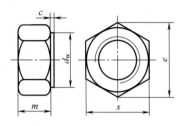

1型六角螺母(A级和B级，GB/T 6170—2015)

标记示例：

螺纹规格 D = M12、性能等级为 5 级、表面不经处理、C 级 1 型六角螺母，其标记为：

螺母　GB/T 41　M12

标记示例：

螺纹规格 D = M12、性能等级为 8 级、表面不经处理、A 级 1 型六角螺母，其标记为：

螺母　GB/T 6170　M12

表 B-6　螺母规格尺寸　　　　　　　　　　　　　（单位：mm）

螺纹规格 D		M2	M2.5	M3	M4	M5	M6	M8	M10	M12	M16	M20	M24	M30
c　max （GB/T 6170—2015）		0.2	0.3	0.4	0.4	0.5	0.5	0.6	0.6	0.6	0.8	0.8	0.8	0.8
d_w min	GB/T 41—2016	—	—	—	—	6.7	8.7	11.5	14.5	16.5	22	27.7	33.3	42.8
	GB/T 6170—2015	3.1	4.1	4.6	5.9	6.9	8.9	11.6	14.6	16.6	22.5	27.7	33.3	42.8
e min	GB/T 41—2016	—	—	—	—	8.63	10.89	14.2	17.59	19.85	26.17	32.95	39.55	50.85
	GB/T 6170—2015	4.32	5.45	6.01	7.66	8.79	11.05	14.38	17.77	20.03	26.75	32.95	39.55	50.85
m	GB/T 41—2016	—	—	—	—	5.6	6.4	7.9	9.5	12.2	15.9	19	22.3	26.4
	GB/T 6170—2015	1.6	2	2.4	3.2	4.7	5.2	6.8	8.4	10.8	14.8	18	21.5	25.6
s 公称 = max	GB/T 41—2016	—	—	—	—	8	10	13	16	18	24	30	36	46
	GB/T 6170—2015	4	5	5.5	7	8	10	13	16	18	24	30	36	46

注：1. GB/T 41 螺母规格的范围为 M5~M64，GB/T 6170 螺母规格的范围为 M1.6~M64。

　　2. A 级用于 D≤16mm 的螺母，B 级用于 D>16mm 的螺母。

5. 垫圈

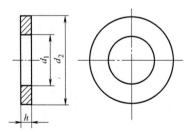

平垫圈 A级
(GB/T 97.1—2002)

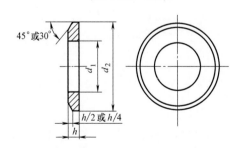

平垫圈　倒角型 A级
(GB/T 97.2—2002)

标记示例：

标准系列、公称规格为 8mm、由钢制造的硬度等级为 200HV 级、不经表面处理、产品等级为 A 级的平垫圈，其标记为：

垫圈　GB/T 97.1　8

表 B-7　垫圈规格尺寸　　　　　　　　　　　　（单位：mm）

公称规格 （螺纹大径 d）	5	6	8	10	12	16	20	24	30	36
d_1　公称＝min	5.3	6.4	8.4	10.5	13	17	21	25	31	37
d_2　公称＝max	10	12	16	20	24	30	37	44	56	66
h　公称	1	1.6	1.6	2	2.5	3	3	4	4	5

注：GB/T 97.1 垫圈规格范围为 1.6~64mm，GB/T 97.2 垫圈规格范围为 5~64mm。

参 考 文 献

［1］ 焦永和，张彤，张昊. 机械制图手册 ［M］. 北京：机械工业出版社，2022.

［2］ 杜廷娜，蔡建平. 土木工程制图 ［M］. 3 版. 北京：机械工业出版社，2020.

［3］ 聂桂平，钱可强. 工业设计表现技法 ［M］. 北京：机械工业出版社，1998.

［4］ 董国耀，李梅红，万春芬，等. 机械制图 ［M］. 2 版. 北京：高等教育出版社，2019.

［5］ 定松修三，定松润子. 图解设计表示图法入门 ［M］. 陆化普，史其信，陈娟，译. 北京：科学出版社，1996.